谨以此书

献给

丰富过地球的每一个生命

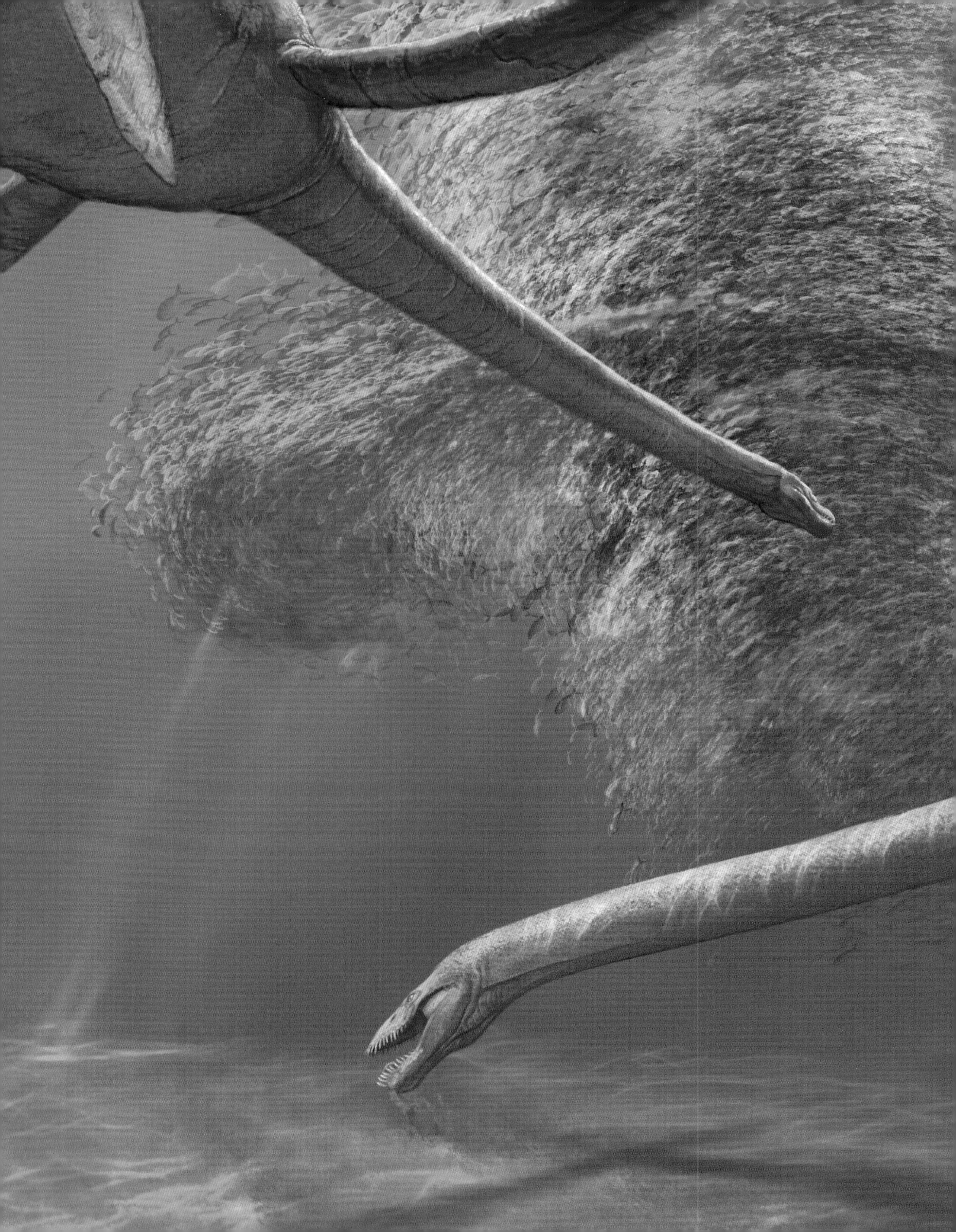

水怪时代

赵闯 / 绘　杨杨 / 撰

云南出版集团
云南美术出版社

永远不要轻易对生活低头

与读者朋友分享我的一个小小心愿

亲爱的女儿：

天气好的时候，总想带你出去走走。 白色的玉兰已经争先恐后地站上枝头，绵柔的柳絮还没开始荡漾，这是北京最好的时候。我牵着你的手，穿过走廊，进到院子，想和你站在明亮里，告诉你眼前是什么树，开出了什么花。可还没等我开口，你已经迫不及待地挣脱我的手，冲进阳光里。我在你身后看着你，你快活得像一只小鹿。

你不过才过了人生的第一年，可是已经迫切地想要逃离我为你安排的生活。

他们说，这是成长的印记。

我已经不习惯让阳光直直地照着，我躲在树荫下，努力回忆着小时候的你，想看看那时候的你怎么样生活在我的生活里。

我的眼前又出现了小小的你，你第一次翻身、第一次能坐起来，第一次爬、第一次什么都不用扶就能站着、第一次走路，我很想回忆起这些第一次我都是怎么教你的，可遗憾的是，这所有的第一次都是你自己完成的，我没有参与到其中，甚至我还不曾想过你应该站、应该爬、应该走路，你就已经成功地让幼小的身体从另一个角度感知着这个世界。

你一直在和生活对抗着，哪怕在你只能躺着、眼睁睁地看着想要的东西却够不到拿不着的时候，你仍然拼劲全力挥舞着双手双脚，从不放弃，因为你知道那是你的生活，你想要什么样的生活只有你自己最清楚，别人永远代替不了你。

不妥协，这不是成长才有的印记，而是你的本性，也是所有婴儿的本性。可惜，当我们年岁渐大，便慢慢地把本性忘记了。

你还小，生活于你只是刚刚开始。我多希望你一直像现在这样快乐下去，希望告诉你生活就像这晴空，阳光会照耀着你，美丽的紫藤花会在你头顶绽放。可是，或许就连你也知道，那不真实。几天前你才刚刚见过瓢泼大雨，你拍打着门窗，想要冲进雨里。

生活是残酷的，大多数时候我们都狼狈不堪地生活在里面。我想告诉你，这残酷不是吃不饱饭，不是没有房子住，而是随着年纪的增长，我们的斗志会被生活一点一点地偷走。

人们常说 30 岁是一个坎儿。30 岁之前，年少轻狂，不怕犯错，我们全都拼命地生活。30 岁以后，我们犯过了所有的错，便要选择一条正确的路，小心谨慎地走下去。现在，妈妈已经过了这个坎儿，可还是会犯错，还是不想谨慎小心地走着，还是会用力地生活。

我们大抵都是些平凡的人，像尘埃一样飘荡在生活的不同角落。可是我们曾经并不平庸，我们拥有梦想，想要为梦想而努力。难的是生活始终在与我们对抗，它用琐碎、用无常、用困难、用安逸，一点一点地击败我们的意志。于是才有了小心翼翼的生活，我们不再奢求属于自己的世界，不再奢求改变什么，我们谨慎地在生活中东躲西藏，认为只要不算太差就是很好。我们在一场场说走就走的旅行中，在与雪山碧波的合影中，在一道道诱人的美食前，彻底地对生活妥协了。我们说这都是因为年纪大了，没什么梦想可谈了，早已经忘记对生活的反抗最初并不是来源于梦想，而是我们的本性。

我不怕你在未来的生活里吃多少苦，可是却害怕那样的生活俘获了你，让你忘记你应该相信什么、坚持什么、捍卫什么，让你变成一个庸俗的人，随波逐流。

近来在你入睡的时光里，我都在写一本叫做《它们：水怪时代》的书，书里讲了一个很有趣的关于大海的故事。

在几十亿年的时光里，大海曾经迎来又送走了无数生命，而在这其中有一支非常特别，这一群生命就是我在书里写到的，曾经耗费了亿万年时光才从水生走向陆生，却在成功地占领陆地之后，忽然开始了重返大海之旅的爬行动物。

它们究竟为什么做出这样的选择，放弃熟悉的生存环境，将自己置身于陌生的海洋中，这样的改变源自梦想、还是被生活所迫，因为时间太久远了，可能根本无法得到确切的答案。但是这一历史性的改变却有着震慑人心的结果，它们在经历了漫长的演化过程，付出了沉重的代价后，最终成功地成为浩瀚的海洋的主宰者。

这就是它们想要的生活。

可能你的一生都不会面临如此重大的抉择，你的一生都不需要作这样革命性的改变，但是我想让你像它们那样活着：永远不要轻易对生活低头，就像一岁的你就能做到的那样。

妈妈：

2016 年写于北京

目录

寂静的侏罗纪 ······· 087

汹涌的白垩纪 ······· 123

走鲸 Ambulocetus
鱼石螈 Lchthyostega

亿年前
0
人类历史公元 1620 年，荷兰物理学家科尼利斯·德雷尔制造出第一艘潜水船，使现代智人有能力回到海洋。
利维坦鲸 *Livyatan*
鲸类等海洋哺乳动物演化成高度适应海洋的生命，并占领海洋食物链的顶端。
部分哺乳动物从陆地走向海洋。
绝大部分海生爬行动物离开生命舞台，海洋重新由鱼类执掌。
1
2
一部分爬行动物重返海洋，它们在短时间内迎来了爆发式增长，迅速成为海洋新一代的统治者。
海王龙 *Tylosaurus*
3
最早的四足鱼类鱼石螈出现，标志着脊椎动物开始从海洋走向陆地。
4
鱼类崛起，体长约 10 米的邓氏鱼成为海洋新的霸主。
邓氏鱼 *Dunkleosteus*
5
寒武纪生命大爆发，海洋迎来无脊椎动物统治的时代，奇虾是其中典型的代表。同时，最古老的脊椎动物海口鱼也出现在海洋中。
6

本书涉及主要古生物地层年代示意图

参考资料：国际地层年代表（2014）
资料来源：国际地质科学联合会（IUGS）
编绘机构：PNSO 啄木鸟科学艺术小组
编绘时间：2016 年

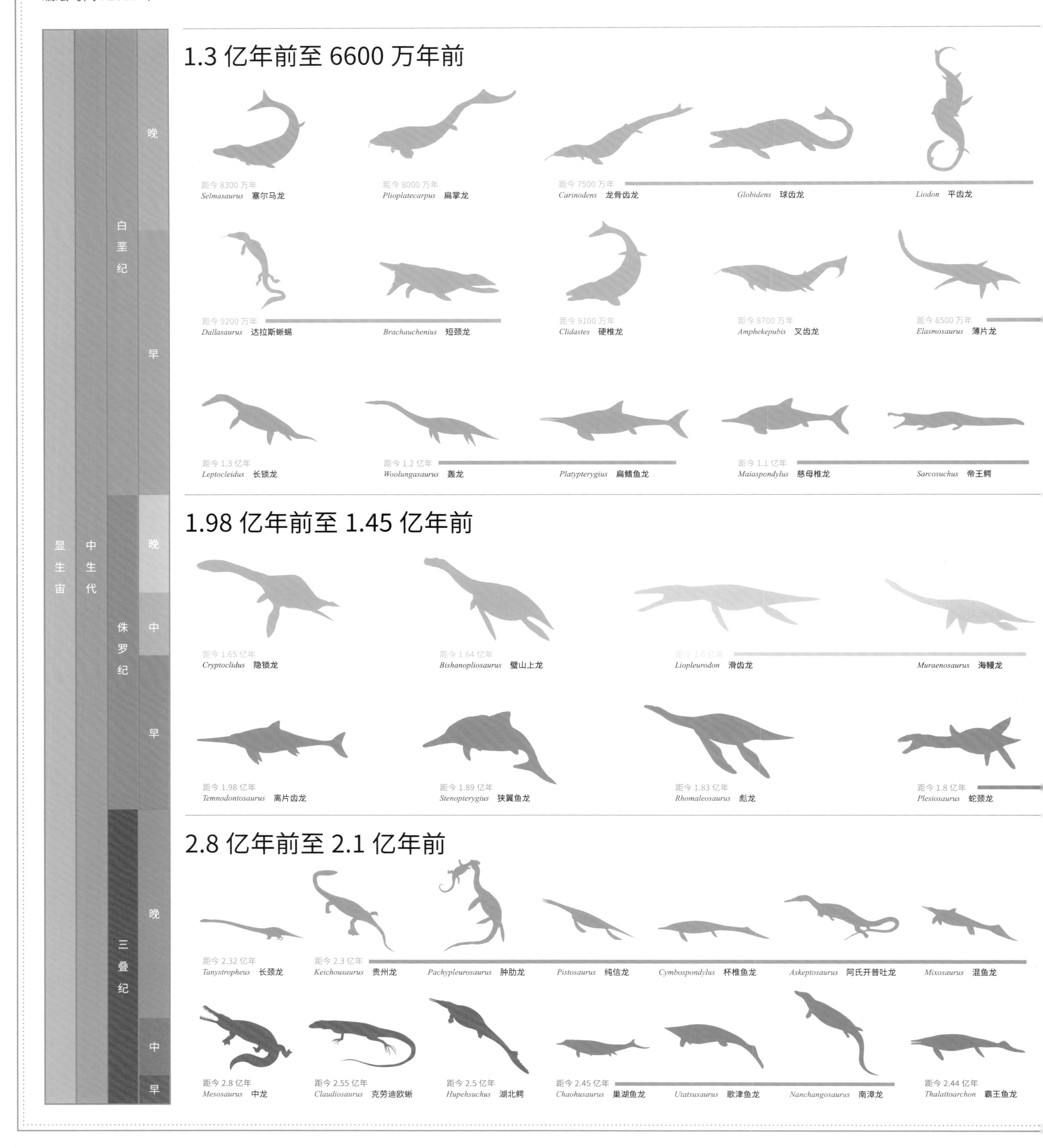

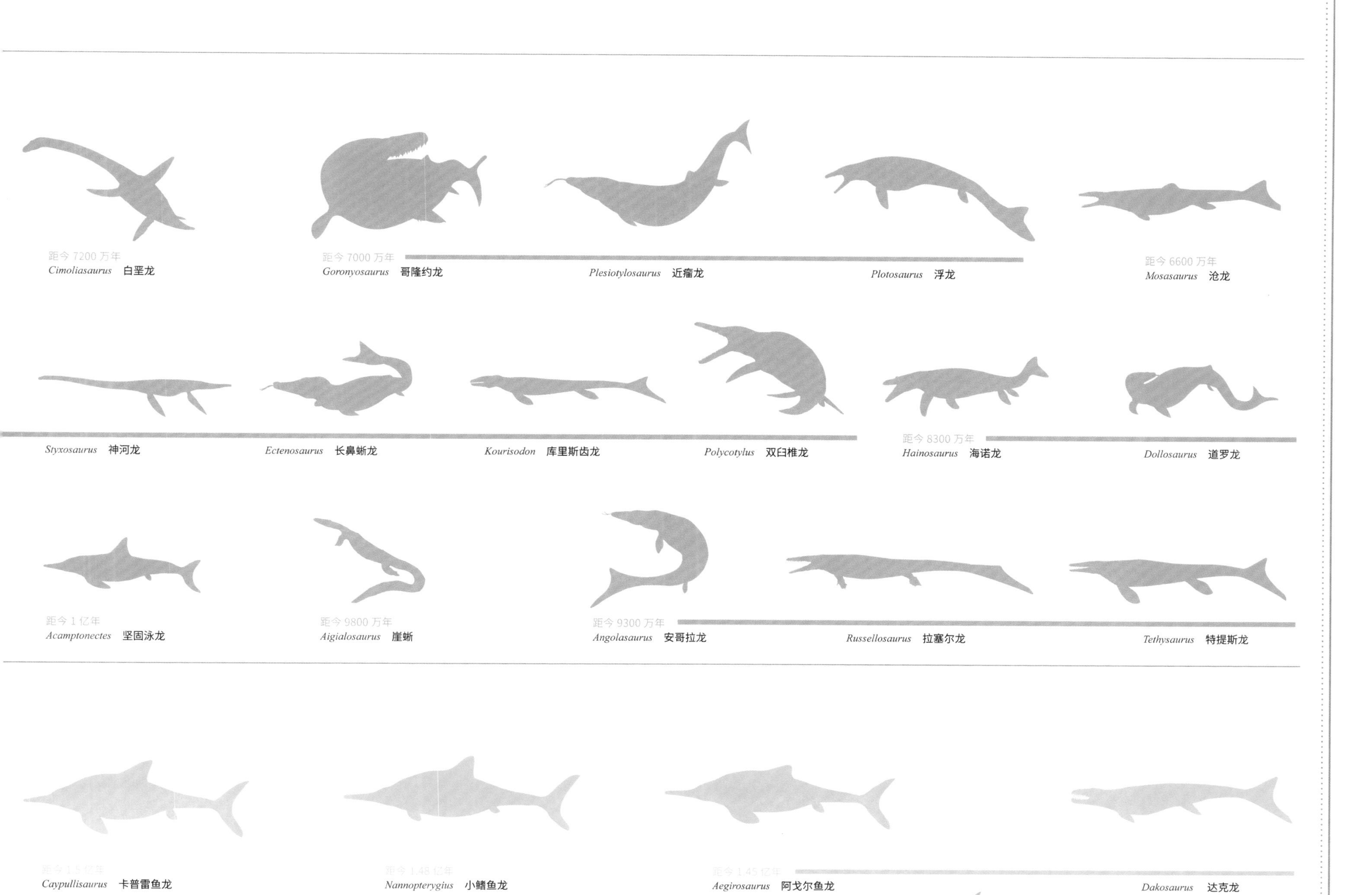

Eurhinosaurus 真鼻鱼龙
距今 1.7 亿年
Yuzhoupliosaurus 渝州上龙
Chacaicosaurus 察凯科鱼龙
距今 1.67 亿年
Metriorhynchus 地蜥鳄
距今 1.65 亿年
Ophthalmosaurus 大眼鱼龙

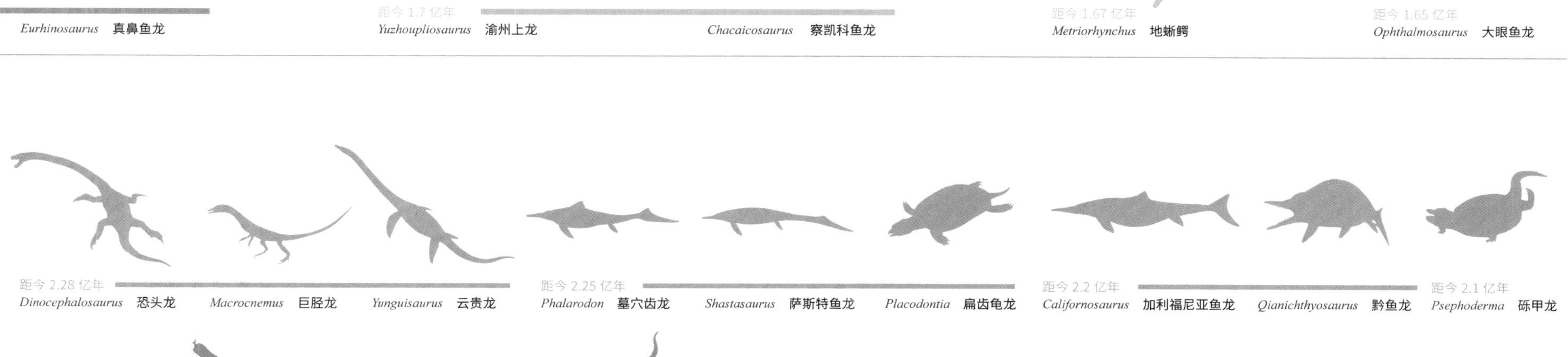

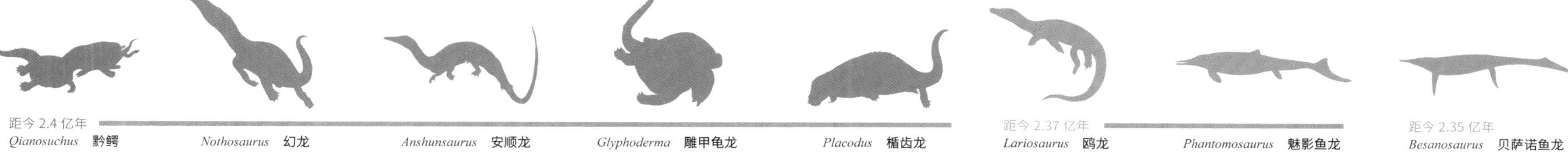

本书涉及主要古生物化石产地分布示意图

编绘机构：PNSO 啄木鸟科学艺术小组
编绘时间：2016 年

大洲	国家	化石
亚洲	中国 日本	今天的中国：*Keichousaurus* 贵州龙；*Hupehsuchus* 湖北鳄；*Dinocephalosaurus* 恐头龙；*Chaohusaurus* 巢湖鱼龙；*Macrocnemus* 巨胫龙；*Nanchangosaurus* 南漳龙；*Yunguisaurus* 云贵龙
北美洲	美国 加拿大 墨西哥	今天的美国：*Dallasaurus* 达拉斯蜥蜴；*Selmasaurus* 塞尔马龙；*Thalattoarchon* 霸王鱼龙；*Brachauchenius* 短颈龙；*Plioplatecarpus* 扁掌龙；*Cymbospondylus* 杯椎鱼龙；*Clidastes* 硬椎龙；*Plesiotylosaurus* 近瘤龙；*Phalarodon* 墓穴齿龙；*Elasmosaurus* 薄片龙；*Cimoliasaurus* 白亚龙
南美洲	阿根廷	今天的阿根廷：*Chacaicosaurus* 察凯科鱼龙
欧洲	德国 意大利 英国 挪威 法国 俄罗斯 荷兰 瑞士	今天的德国：*Pistosaurus* 纯信龙；*Phantomosaurus* 魅影鱼龙；*Placodontia* 扁齿龟龙；*Stenopterygius* 狭翼鱼龙；*Aegirosaurus* 阿戈尔鱼龙；*Dakosaurus* 达克龙；*Platypterygius* 扁鳍鱼龙 今天的意大利：*Besanosaurus* 贝萨诺鱼龙；*Tanystropheus* 长颈龙；*Askeptosaurus* 阿氏开普吐龙；*Psephoderma* 砾甲龙；*Aigialosaurus* 崖蜥 今天的英国：*Leptocleidus* 长锁龙；*Acamptonectes* 坚固泳龙；*Liodon* 平齿龙
大洋洲	澳大利亚	今天的澳大利亚：*Woolungasaurus* 轰龙
非洲	南非 安哥拉 摩洛哥 尼日尔 马达加斯加 尼日利亚	今天的南非：*Moschorhinus* 中龙 今天的马达加斯加：*Claudiosaurus* 克劳迪欧蜥 今天的安哥拉：*Angolasaurus* 安哥拉龙

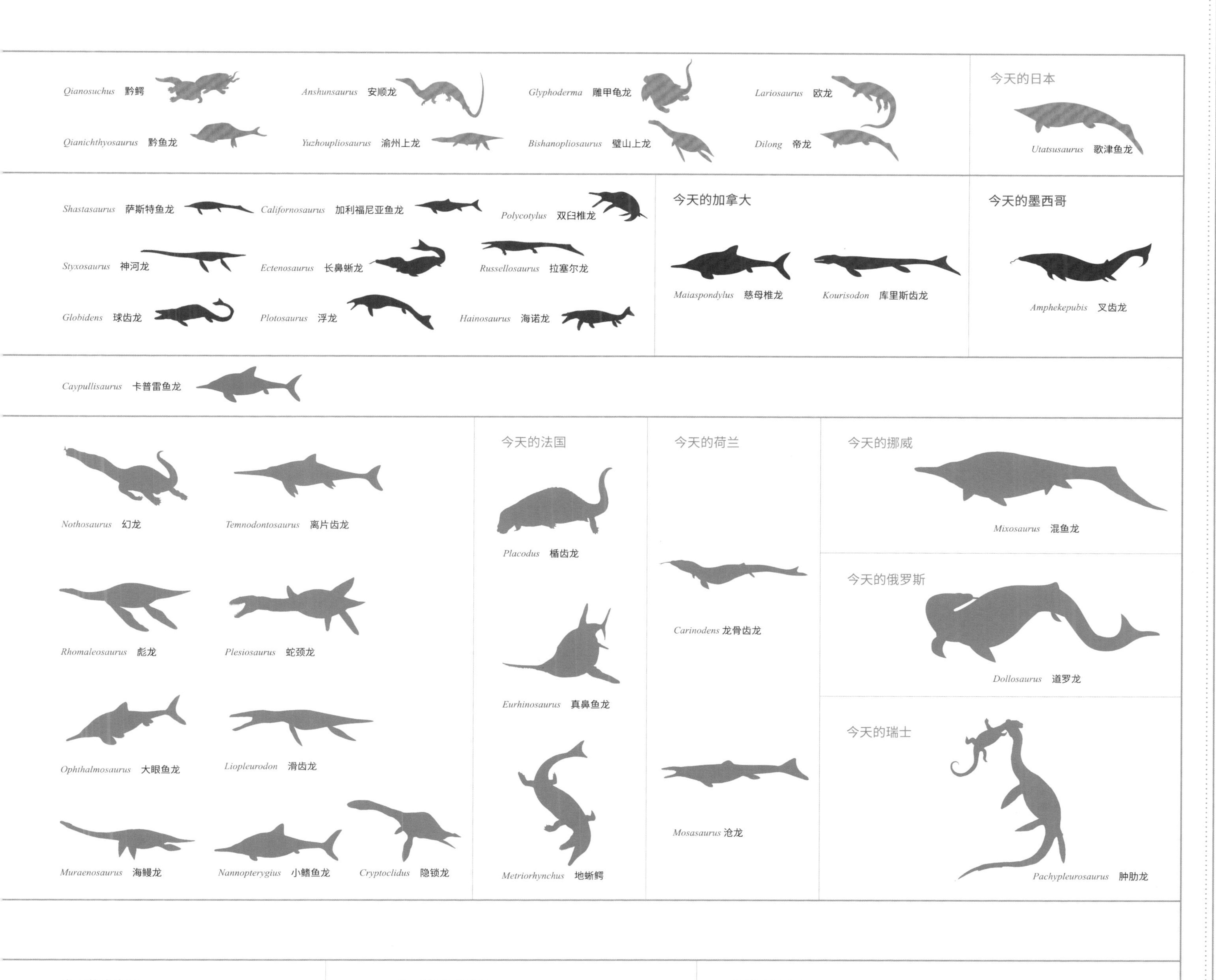

Qianosuchus 黔鳄
Anshunsaurus 安顺龙
Glyphoderma 雕甲龟龙
Lariosaurus 欧龙
今天的日本
Qianichthyosaurus 黔鱼龙
Yuzhoupliosaurus 渝州上龙
Bishanopliosaurus 璧山上龙
Dilong 帝龙
Utatsusaurus 歌津鱼龙
Shastasaurus 萨斯特鱼龙
Californosaurus 加利福尼亚鱼龙
Polycotylus 双臼椎龙
今天的加拿大
今天的墨西哥
Styxosaurus 神河龙
Ectenosaurus 长鼻蜥龙
Russellosaurus 拉塞尔龙
Maiaspondylus 慈母椎龙
Kourisodon 库里斯齿龙
Amphekepubis 叉齿龙
Globidens 球齿龙
Plotosaurus 浮龙
Hainosaurus 海诺龙
Caypullisaurus 卡普雷鱼龙
今天的法国
今天的荷兰
今天的挪威
Nothosaurus 幻龙
Temnodontosaurus 离片齿龙
Placodus 楯齿龙
Mixosaurus 混鱼龙
Carinodens 龙骨齿龙
今天的俄罗斯
Rhomaleosaurus 彪龙
Plesiosaurus 蛇颈龙
Eurhinosaurus 真鼻鱼龙
Dollosaurus 道罗龙
今天的瑞士
Ophthalmosaurus 大眼鱼龙
Liopleurodon 滑齿龙
Mosasaurus 沧龙
Muraenosaurus 海鳗龙
Nannopterygius 小鳍鱼龙
Cryptoclidus 隐锁龙
Metriorhynchus 地蜥鳄
Pachypleurosaurus 肿肋龙

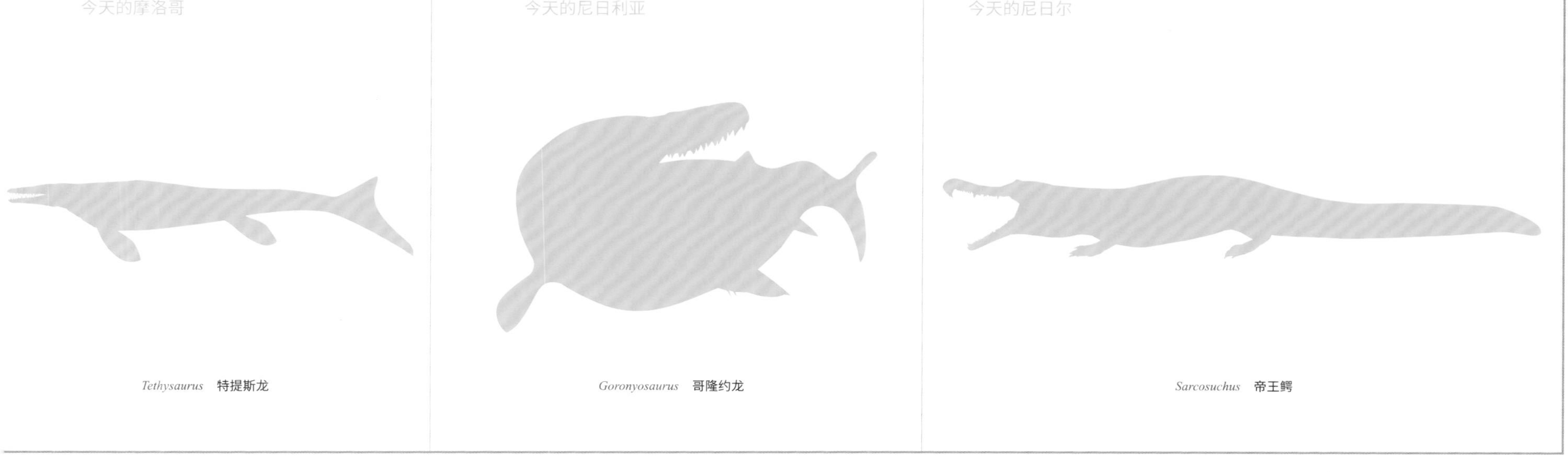

今天的摩洛哥
今天的尼日利亚
今天的尼日尔
Tethysaurus 特提斯龙
Goronyosaurus 哥隆约龙
Sarcosuchus 帝王鳄

纷乱的三叠纪

脊椎动物的演化一般都遵循从水生到陆生再到空中的演化历程，在这个复杂而漫长的过程中，完全脱离对水的依赖，以及可以自由地翱翔于天空的生命出现，打破了脊椎动物演化过程中的些许沉闷，带来了革命性的变革。这其中，爬行动物就是这样具有里程碑意义的角色，它们是脊椎动物诞生以来首次不再完全依赖水体的生命，大大地拓展了自己的生存空间。

可就在水中的居民对它们充满无尽的仰慕，希望自己终有一天能够去向遥远而广阔的陆地世界时，它们却重新回到水中，寻找起过去熟悉的生活。

它们这一突然的举动发生在大约 2.51 亿年前一场全球性的生物大灭绝之后，这场大灭绝让海洋中大量的无脊椎动物以及陆地上超过 70% 的爬行动物消亡了。博大的海洋出现了暂时的寂静，那些幸存下来的爬行动物便抓住这一时机重返食物丰腴、权力真空的水域，试图在新的环境中实现家族的重生。

脊椎动物耗费了 1 亿多年才从水生走向陆生，与之相比，它们重返水域要显得容易得多。进入到三叠纪后，重新返回水中的爬行动物迎来了爆发式的增长，海洋以及湖泊、河流等淡水环境中的爬行动物如雨后春笋般出现。它们种类繁多，出现了包括原龙类、初龙类、海龙类、鱼龙类、楯齿龙类、幻龙类等众多形态、习性各异的水生爬行动物。它们发展迅速，在很短的时间内便成为全球分布的物种，在各个生态位上执掌水域的统治权。

不过，稍显纷乱的海洋在三叠纪末期又重新寂静下来，除了鱼龙类、由幻龙类演化而来的蛇颈龙类等少数物种进入到侏罗纪外，其余的水生爬行动物都在晚三叠世衰落了。

可不管怎样，水生爬行动物在三叠纪的高速发展依旧是古生代末期生物大灭绝后全球生物复苏过程中最重要、最精彩的篇章。

5亿年前
今天的美国

在大约40亿年前就迎来第一个生命的海洋，耗费了35亿年漫长的时光在苦苦地等待一场盛宴。

它孤独地流淌在这个星球上，日复一日，年复一年。它记住了海底的每一处起伏，记住了每一个微小的和它一样孤独的单细胞生命，却迟迟等不到远方的客人。

它就快要灰心了，就快要决定这样拥抱着那些简单的生命了此一生，可盛宴的灯光就在这时候突然照亮了。

不知道从哪里赶来的风尘仆仆的客人顿时充满了海洋，它们在它的身体里拥挤着，想要找一个合适的座位。

这些海生无脊椎动物，个个都有坚硬的外壳，虽然身体娇小，但并不妨碍它们抢个好位置。

大海优雅地笑着，它不怪这些生命的粗鲁，它好不容易才等来这些客人，它要好好地招待它们，开一场永不结束的宴席。

不过，客人中那些巨大的家伙是谁？它们像个巨人般冷酷地出现在盛宴中，吓走了旁边的三叶虫。

大海听说它们叫奇虾，在未来的很长一段时间里，它们将是海洋生命的主宰者。大海准备跟它们谈谈，盛宴最需要的就是热闹的气氛，它不想让这些高冷的家伙破坏了大家的兴致。

4亿年前
今天的摩洛哥

4 亿年前，今天的摩洛哥。

当黑暗被搅动，当阳光也惧怕它们，匆忙地照亮它们前行的道路时，大海中的每一位居民都知道是邓氏鱼来了。

它们傲慢地拨开阻挡在眼前的海水快速地游动着，任凭光亮气喘吁吁地追逐着它们。那些小鱼小虾像是看到了世界末日，它们慌不择路，搅浑了整片大海。这不怪它们，它们全都见识过邓氏鱼的厉害。只要邓氏鱼愿意，它连一丁点儿力气都不用费，就只用 1/50 秒的时间张开大嘴，然后就会把它们统统吸到肚子里。

邓氏鱼有些生气，不过它们并不打算马上惩罚这些胆小淘气的家伙，它们是冲着躲藏在黑暗中的那只大鲨鱼而来的。

海水中四处弥漫着恐怖的气息，鲨鱼不可能嗅不到，它立刻想要逃走，可是邓氏鱼已经来了。

一切都太快了，雄性邓氏鱼张开大嘴用力咬了下去，海水瞬间便被染红了。而旁边的那只雌性邓氏鱼和它的孩子根本不必参与到战斗中，便能享用美味。

海洋无脊椎动物称霸的时代很快就结束了，自从最古老的鱼类海口鱼在寒武纪出现之后，庞大的鱼类家族便以迅雷不及掩耳之势演化成了海洋的霸主。在漫长的时光里，这个星球的一切都由鱼类统治着，它们甚至厌烦了平静的海洋生活，想要到陌生的岸上闯荡。

后来的故事大家就都知道了，地球上逐渐出现了两栖类、爬行类，它们脱离了生命最初的怀抱——大海，向更加宽广的远方走去。

2.8 亿年前
今天的南非

2.8 亿年前，今天的南非。

一段横在溪流中尚未腐烂的树干，是中龙眺望世界的高塔。

中龙是二叠纪的异类，因为大约 95% 的爬行动物都安分地生活在陆地上，而它却属于那些生活在水中的 5%。

它用长有蹼的脚登上高塔，费力地支撑起身体，周遭是不以为然的嘲笑声："不过就是看到些高处的树冠和一些没用的道路罢了！"

中龙从不回应那些毫无意义的议论，它知道它所看到的正一点一点构成自己的世界。况且，它还闻到了从遥远的地方飘来的一种奇特的味道——新鲜、潮湿还带有一点咸味。

那样的味道从哪里来，中龙想知道。

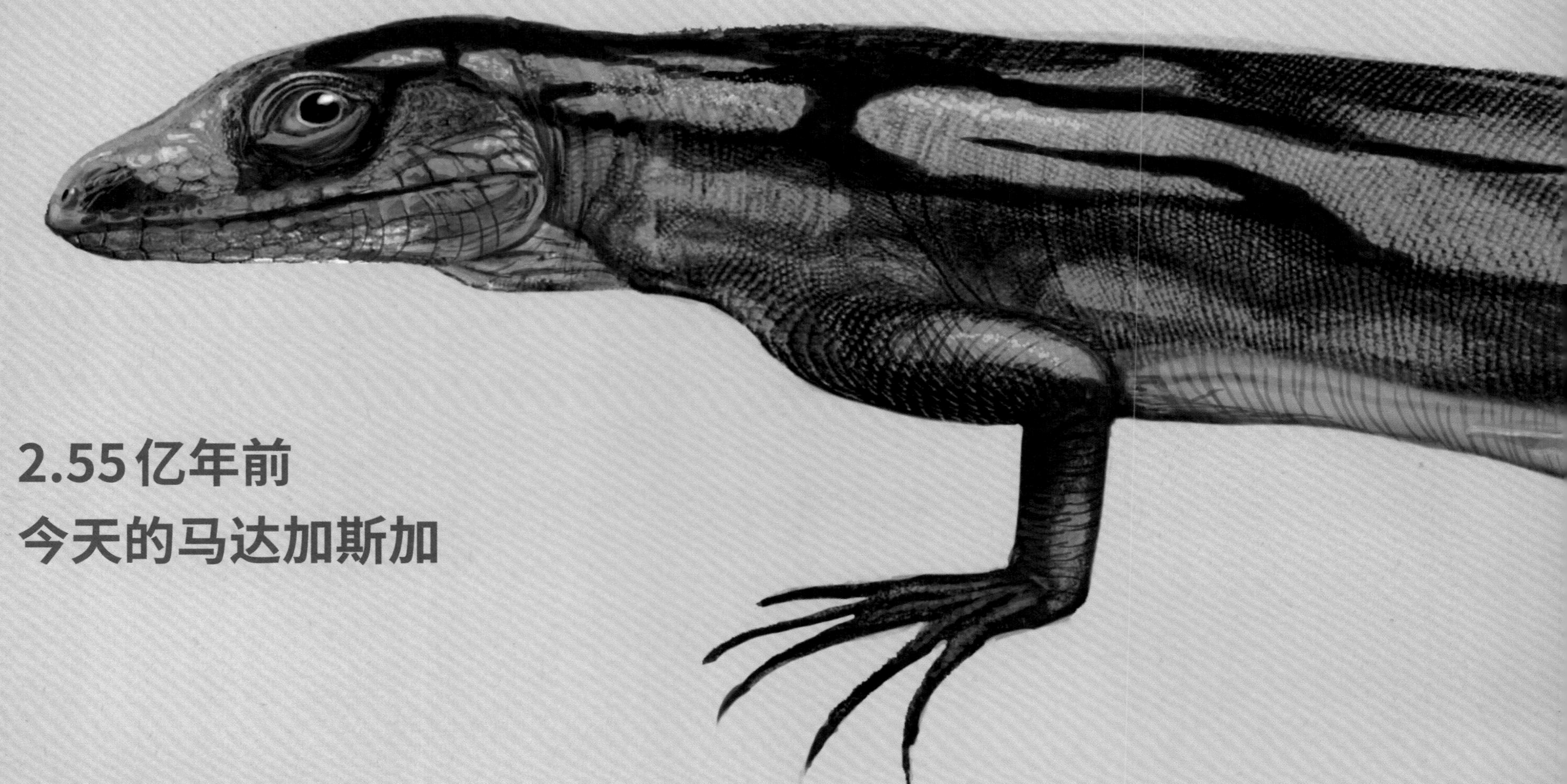

2.55 亿年前
今天的马达加斯加

2.55 亿年前，今天的马达加斯加。

克劳迪欧蜥和同伴在浅海中玩耍。

如果中龙能够遇到克劳迪欧蜥，或许它的疑问就会解开，那特别的气息就来自克劳迪欧蜥生活的大海。可惜，发生在二叠纪末期至三叠纪初期的一次大灭绝，让超过 70% 的爬行动物从地球上消失了。中龙和它的家族也未能幸免。

生活在淙淙溪流中的中龙并不知道，就在大约 3000 万年后，会有新的成员从陆地走向海洋，那是它梦中才敢有的景象：终日畅游的水流不再温柔，它裹挟着风的力量，汹涌前进，而自己就是站在浪尖上的侠士。

可如今，这梦境只能由成功地躲过灭绝灾难的克劳迪欧蜥来实现了。

生活在二叠纪晚期的克劳迪欧蜥无疑是幸运的，虽然它大部分时间都是在陆地上休息以便为身体积蓄能量，但不管怎样，它总有机会悠闲地享受海中的时光。

2.5亿年前
今天的中国

克劳迪欧蜥像是打开了通往另一个世界的大门，它出现后不久，世界就进入了新的时代——三叠纪，而许多爬行动物也开始了新的生活，它们大量出现在水中。

那时候的海洋无脊椎动物几乎全部在灾难中丧生了，陆地上的爬行动物也所剩不多。那些幸存下来的爬行动物，虽然知道祖先花费了亿万年的时间才从海洋登上陆地，可还是开始梦想再次进入那片仿若初生的大海。它们知道，一旦冒险成功，这片乐土将重新被它们执掌。

光明的前景就在眼前，可那些胆小谨慎的眼睛都只会远远地观望。改变并不是一件易事，它只属于真正的勇士。

2.5 亿年前，今天的中国湖北。

一种类似于鳄鱼的动物出现在海洋中。它被覆着像鳞甲一样的皮肤，指（趾）间长有蹼，拥有锋利而细长的嘴。

它看起来像一艘样貌怪异的潜水艇，在海中搜寻着心仪的猎物。

它是神秘的湖北鳄，到今天为止，人们仅知道它与南漳龙是近亲，并不清楚它和其他的海生爬行类动物有什么关系。

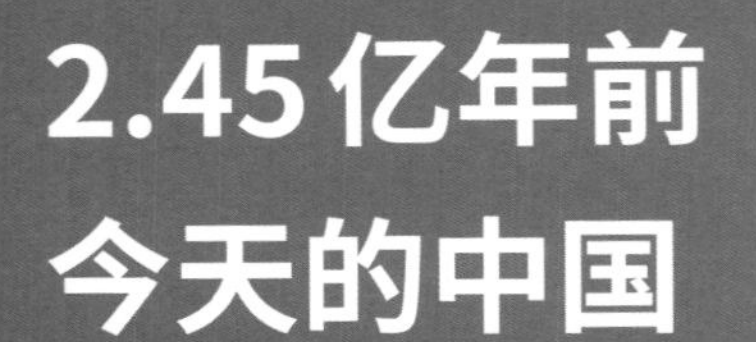

2.45亿年前 今天的中国

湖北鳄的出现就像一位忽然行走在漫无边际的沙漠中的隐士，没有人知道它从哪里来，也没有人知道它要到哪里去。它带着游侠般自由的气质，孤独地游荡在广袤的世界中。

可是巢湖鱼龙就不一样，它一出现就带着伟大的使命。

2.45 亿年前，今天的中国安徽。

身长只有 70 厘米的娇小的巢湖鱼龙，出乎意料地将步伐迈向了变幻莫测的大海，尚有些寂寥的大海并不知道，眼前踏入的这一小步很快将改变整个海洋的格局，造就海洋中最辉煌的家族——鱼龙的诞生 。

2.45亿年前
今天的日本

2.45亿年前，今天的日本。

阳光透过海面调皮地跑向海底，一路上常常被神秘的海洋吸引，时不时就停下来玩耍一阵。阳光待过的地方就留下了透亮的光，顺着光，悠闲地在大海中畅游的歌津鱼龙便会走入视线。

阳光继续奔跑，歌津鱼龙就划动着身子追了上去。它已经成流线型的身体以及小小的鳍状肢，让它比家族的前辈巢湖鱼龙看起来更加适应海洋的生活。事实上也是如此，否则歌津鱼龙哪里有这么好的心情和阳光嬉戏？

逐渐适应大海的身体构造让鱼龙家族更加坚实地向征服大海的统治者宝座迈进。

2.45亿年前
今天的中国

2.45 亿年前，今天的中国湖北。

南漳龙心情愉悦地仰望着海面。

作为湖北鳄的近亲，南漳龙也是海洋中的另类，它几乎和周围游动的家伙都不一样。可它没有因此感到恐慌，相反，它享受这样的状态，它知道不盲从、不攀比，做一个独一无二的自己是需要极大的修养的。

2.44亿年前
今天的美国

在古生代末期那场惨烈的大灭绝过去仅仅 800 万年后，海洋中出现了长达 8.6 米的巨霸——霸王鱼龙。生命所爆发出的力量就是这样惊人，它们不仅以优雅的姿态完美地呈现出了鱼龙家族的魅力，更创造了海洋生命复苏的奇迹。

2.44 亿年前，今天的美国。

饥饿的霸王鱼龙张开血盆大口，急切地想要在海洋中找到食物。它的牙齿非常巨大，带有锋利的切割边缘，任何猎物想要从它身边逃走，恐怕都只是在做一场白日梦。

体型巨大的霸王鱼龙无疑是海洋中的顶级掠食者，如果它不想以某种动物为猎物，那只是因为不合它的胃口罢了。这听上去有些残酷，可是弱肉强食的丛林法则并不会因为同情心泛滥而失效。

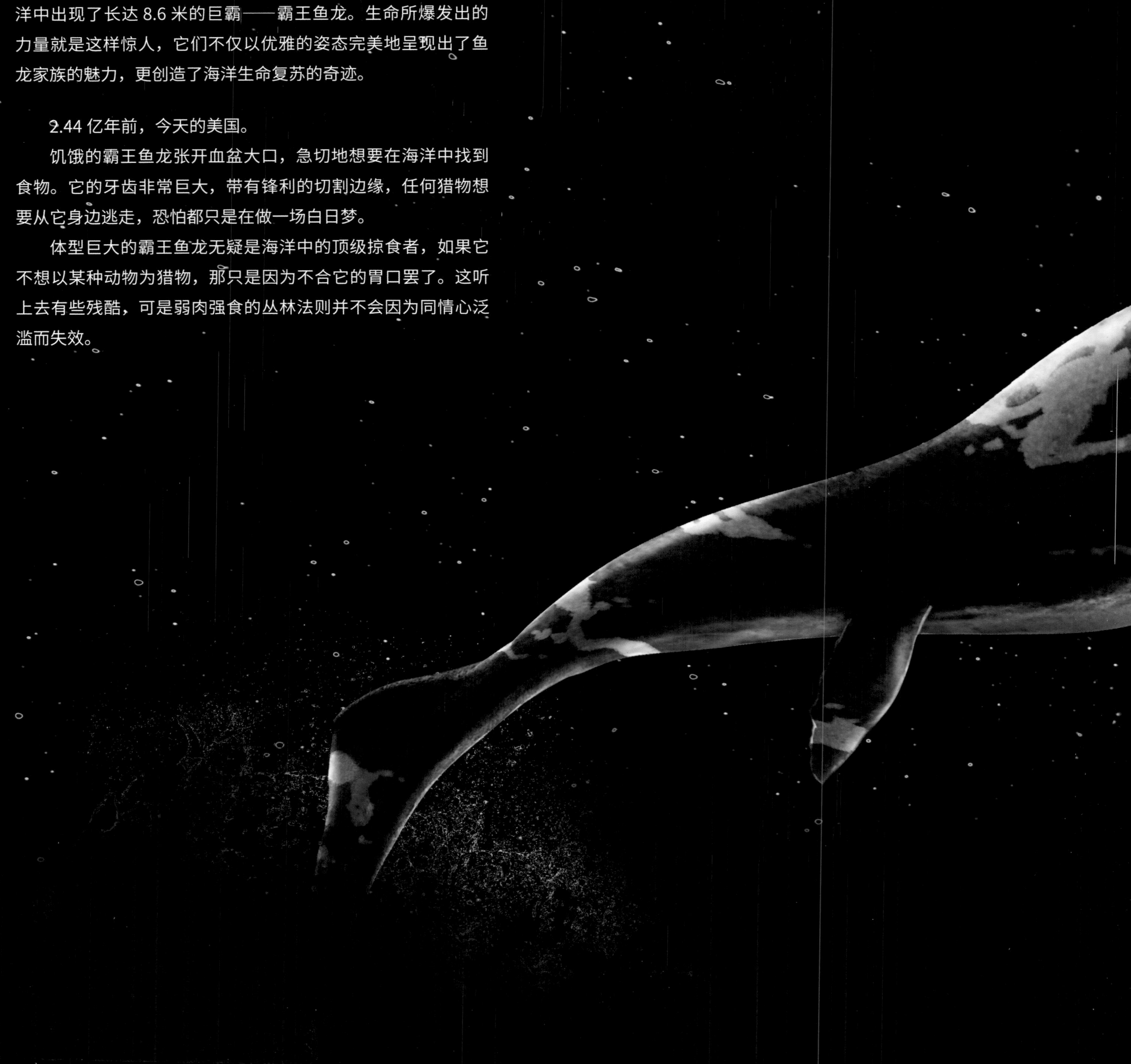

2.4亿年前
今天的中国

觊觎大海的并不只有鱼龙，另外一种样貌凶猛的爬行动物也开始奋力开拓新的领地，它们就是海生初龙类。

2.4 亿年前，今天的中国贵州。

黔鳄用长有蹼的四肢推动身体在水中前进，很快便有一只猎物迎面而来。它张开长满锋利牙齿的嘴巴，对准猎物的腹部咬下去。猎物在惊慌中加紧划动，可结局并没有什么改变。

那时的海洋是勇士的天堂，捕食对它们来说易如反掌。黔鳄总是利用很短的时间把肚子填饱，它要留出来时间在岸上享受温暖的阳光。

冒险过后，便是大把大把美好的生活，这是那些将眼前看作救命稻草紧抓不放而不敢改变的家伙永远都感受不到的。

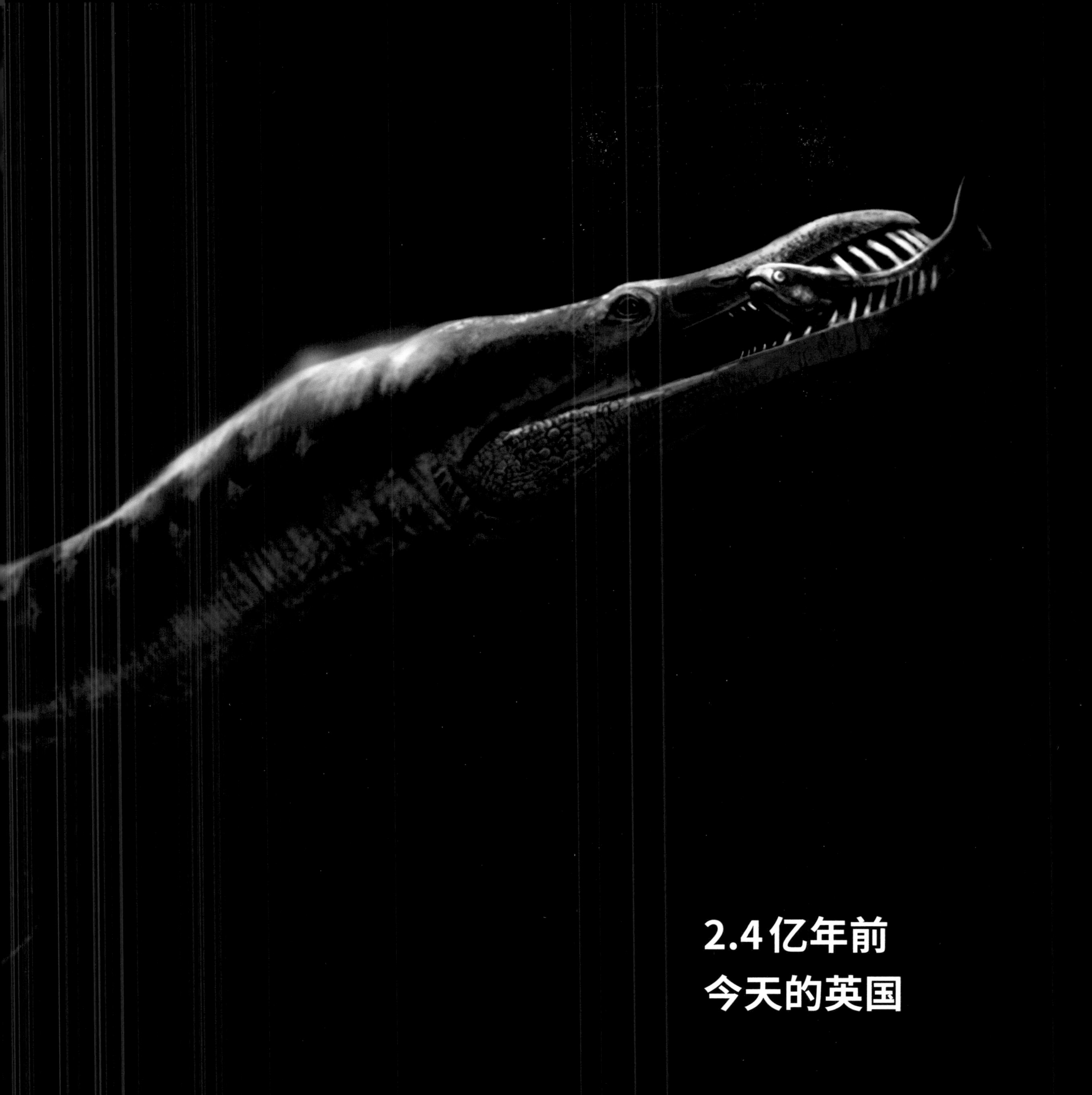

2.4亿年前
今天的英国

在 2.4 亿年前今天的英国，大海中依旧上演着黔鳄常捕食那样的场景，只不过故事的主角换成了幻龙。

幻龙所在的家族与黔鳄大不相同，这是一群类似现代海豹的动物，身长大约只有三四米，颈长、头小，长有长尾和像桨一样的四肢，家族的名字叫做幻龙目。

幻龙显然是家族的创立者之一，它体型娇小，但却异常凶猛，周身都洋溢着的开创者的风范。

它总是缓慢地跟踪猎物，待时机成熟再快速出击，极少有猎物能逃出它长满钢针般牙齿的嘴巴。

2.4亿年前
今天的中国

一些先行者在海洋中的冒险故事很快就传到了岸上，越来越多的动物跃跃欲试，想要去到那个更为广阔的空间。当然，在那些故事中，它们大抵是对先行者在海洋中取得的战绩兴奋不已，而自动忽略了其中的危险与不易。或许只有这样，才能让它们原本胆小懦弱的心燃起挑战的烽火。

这群新鲜的挑战者，就包括海龙家族。

2.4 亿年前，今天的中国贵州。

安顺龙小心翼翼地在近海中前进，它用蜥蜴一般细长的身体探索着这个陌生的世界。忽然，它听到有些异样的声音传来，便立刻停了下来，用一只长有蹼的脚踩在沉在水底的树干上，谨慎地四下张望。

2.4亿年前
今天的中国

2.4 亿年前，今天的中国云南。

午餐时间到了，雕甲龟龙暂停了游泳锻炼计划，准备去觅食。它的样子看上去有点像今天的乌龟，身体上覆盖着坚实的甲片。不过，它有一条很长的尾巴，这可是乌龟没有的。

雕甲龟龙的体型很大，身长大约有两米，但是游泳的水平一般。不过，它一直在积极锻炼，好让自己更好地适应环境。

瞧瞧，锻炼还是很有成效的，它用自己宽大的脚掌一边爬一边游，没用多久，就找到了喜欢的食物。这下，可以安心地享用一顿美好的午餐了。

雕甲龟龙属于楯齿龙家族，这是一类非常奇特的海生爬行动物，它们中的一大部分都具有甲壳，外形与龟类相似，身体宽而扁平，脖子很短，有一些除了背甲还拥有腹甲。不过，它们与龟类并没有亲缘关系。

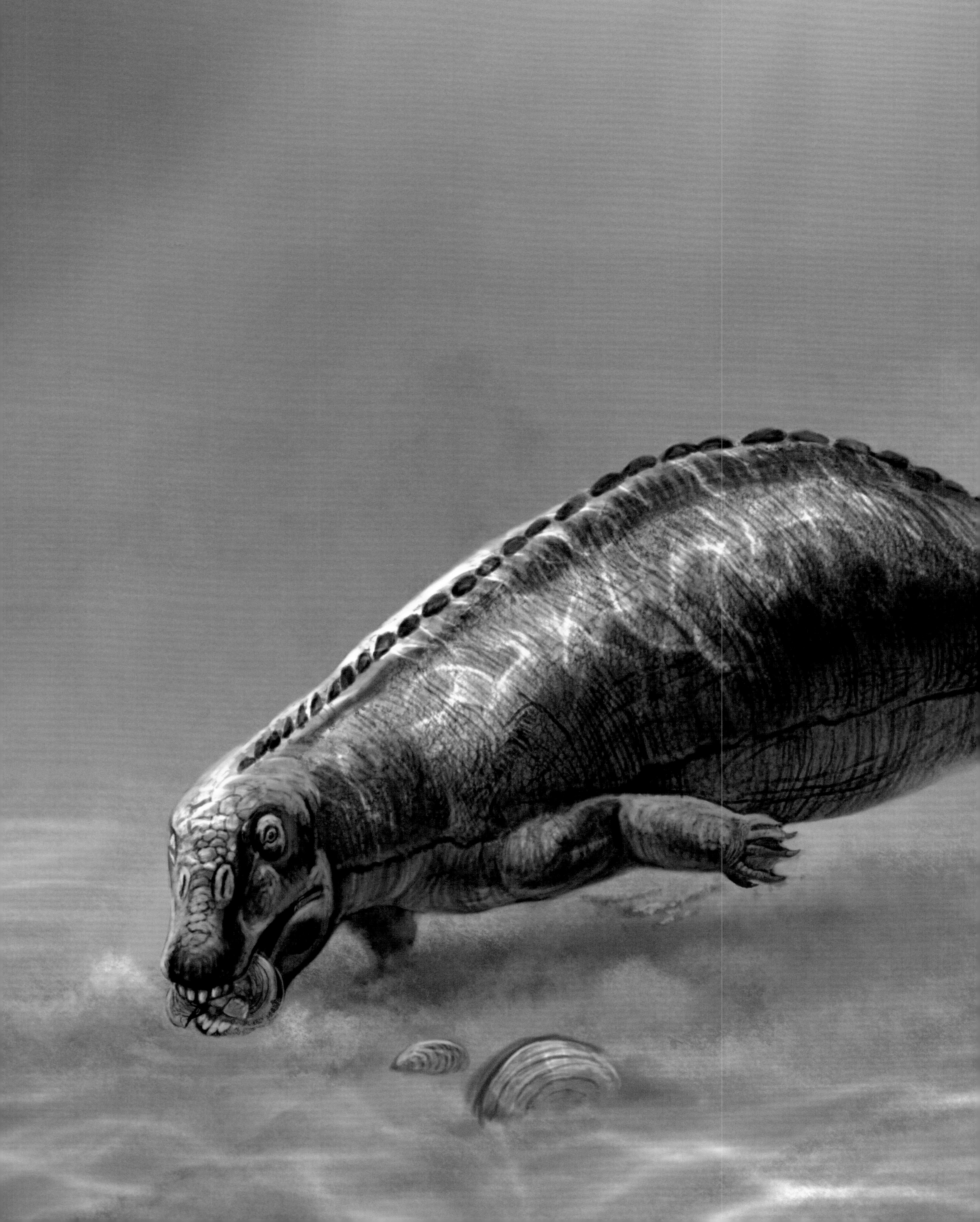

2.4亿年前
今天的法国

既然说到一大部分楯齿龙家族成员类似龟类，那另一部分成员又是什么样子呢？不要着急，去看看楯齿龙就知道了。

2.4 亿年前，今天的法国。

这天的天气极好，无风无浪，楯齿龙打算去散散步，它可不想浪费这么美好的时光。它扭动着腰肢出门了，虽然身子有些胖，腰有些粗，看起来像一只肿胀的蜥蜴，可是这并不影响它的气质，它看上去还是那么优雅。它不是一个游泳健将，所以只好在清亮亮的海水中独自踱步。这当然会影响它的速度，不过它扁平的尾巴和有蹼的短腿都可以帮助它，何况现在是散步时间，它何不放松心情享受一下呢！

楯齿龙代表了楯齿龙家族另外一支成员的样子，它们类似有着“水桶腰”的蜥蜴，拥有短而强壮的四肢。因为突出的前齿，它们可以轻松地将水底无脊椎动物的坚硬外壳拉扯出来，所以贝类是它们最喜欢的食物之一。

2.37亿年前
今天的中国

兴起于早三叠世的幻龙家族，没用多久，便适应了新的环境，到中三叠世的时候，幻龙家族已然繁盛起来。它们虽然在形态上并没有多少优势，可是性格沉稳，在采取稳扎稳打的策略后，最终牢牢地占据了温暖的浅海区域。

2.37 亿年前，今天的中国贵州。

已经过了正午，鸥龙还没有吃到任何食物。对于它来说这样的事情并不常发生，事实上，这片浅海很长一段时间都是由它掌控的。它打起精神，摆动着长长的尾巴，继续捕食之旅。即便肚子空空如也，它也不会露出些许沮丧的神色，它要时刻保持王者的尊严。

2.37亿年前
今天的德国

不管是幻龙或者纯信龙家族，和鱼龙家族比起来，它们的雄心似乎都还是小了一些。

鱼龙家族虽然都起步于身材娇小、依靠捕食一些小鱼小虾而生活的不起眼的个体，但是它们征服海洋的决心却没有因此受到一丝一毫的影响。诞生于早三叠世的鱼龙家族在中三叠世迎来了第一个大爆发时期。

魅影鱼龙就是在这一大爆发时期出现的，让母亲都害怕的面孔，为了生存下去，他不得不将自己隐藏在面具之后。而魅影鱼龙的头骨化石也因为被酸性物质侵蚀，而变得狰狞不堪。

可这全都是由人类的失误造成的，真正的魅影鱼龙其实优雅美丽，像是海洋中的王子。

你瞧，2.37 亿年前今天的德国，魅影鱼龙挺拔的身姿正在海洋中穿梭，它还不知道亿万年后自己将会因为人类的过失付出惨重的代价。

2.35亿年前
今天的意大利

2.35 亿年前，今天的意大利。

这是一片四处都充满希望的海域，海水平静，散发着蓝宝石一般的光泽。海水中的动物们都过着幸福的生活，除了有时候捕食时会有一些争斗之外，从没有什么忧伤的事情打扰它们。你瞧，贝萨诺鱼龙就是它们中的一员，它心情舒畅的在海水中游来游去，享受着这美好的时光。它当然要享受一下，现在它可不是孤零零的，在它的肚子里正有一个可爱的孩子等待降临。它像鳗鱼一样的身体因为愉悦的心情而有些激动，它可不管自己是不是游泳高手，只管把四个鳍状肢拍得“啪啪”直响，生怕不能和身下的海水分享它此时的心情。

贝萨诺鱼龙生存的这片海域是动物的天堂，除了它们还有小型鲨鱼、原始硬骨鱼、海生无脊椎动物等，虽然贝萨诺鱼龙还比较原始，脑袋窄小、四肢扁长，但是这并不影响它们成为天堂中的顶级掠食者。

2.32亿年前
今天的意大利

以贝萨诺鱼龙为代表的鱼龙家族虽然站在食物链的顶端，几乎没有可以与之相抗衡的对手，但它们依旧愿意与其他动物分享大海，否则要是让它们独自呆在偌大的大海里，不被饿死，也会孤独而死！

原龙类是和它们分享大海的动物之一，事实上，早在二叠纪原龙类就已经存在，但是其下很多成员都已经演化成为树栖动物，只有一小部分是水栖动物，比如长颈龙科。光听名字

就知道长颈龙一定有一条很长的脖子，因为体型很大，它们几乎不会成为鱼龙的食物，但是它们可以帮助鱼龙排解寂寞。

2.32 亿年前，今天的意大利。

长颈龙和它的伙伴居住在离海面不远的地方，住在这里有个好处，它们总是能第一时间感受到海面的波动，那就像是天然的按摩一样，让它们的身体舒坦得不得了。可是，住在这里也有坏处，因为热闹，四周常常会传来叽叽喳喳的声音。它们都是喜欢安静的家伙，有时候吵闹声太大了，它们就动身走到别的地方躲躲。瞧瞧，它们现在就只想找个地方静一静，它们爬呀，爬呀，爬得慢极了。那条超长的脖子让它们无法快速行动，可是它们是不会放弃的。

2.3亿年前
今天的中国

在 2.3 亿年前今天的中国贵州的海域里，除了鸥龙还有贵州龙和它同享这片宁静。

贵州龙属于肿肋龙家族，这是一类与幻龙家族有着密切亲缘关系的海生爬行动物，它们结构轻巧，外形类似蜥蜴。它们刚刚适应了水中的生活，还不能游得很远，只能在近岸的浅海区享受海洋的气息。

2.3 亿年前的一个早晨，贵州龙像平时一样找到一块舒服的岩石，优雅地趴在了上面。它的家族成员并不多，恰巧它又是一个喜欢独处的家伙，所以在这样阳光透亮的早晨，或者个别温暖的午后、寂静的黄昏，总是能见到它孤单的身影出现在油画一般美丽的岸边。它不急着捕食，在这样的浅海区，可供它享用的美食一点儿都不少，它是想去听一听世界的声音，看一看世界的样子。

此刻，它就听到一种美妙的声音传来，那是岸上的苏铁在生长。

2.3亿年前
今天的瑞士

2.3 亿年前，今天的瑞士。

在一片温暖的浅海海底，一丛珊瑚娇艳地炫耀着自己的身姿。小肿肋龙被那些迷惑的颜色吸引了，它轻轻地游到它们身边，驻足观赏。

珊瑚随着透亮的海水有节奏地运动着，像雨后绚丽的彩虹在天空飘动。肿肋龙显然已经忘记了今天出门的任务，它瞪大眼睛，嘴角不时露出欣喜的微笑。

可就在这时，一只体型超大的幻龙家族成员壳龙正悄悄地向它靠近，虽然它的泳姿并不漂亮，可这并不影响它强大的捕食能力。它将猎物锁定在这个体型和它明显不在一个量级的对手身上，信心十足。

肿肋龙还在因为眼前的美好而欢喜，可不幸的是，不久之后，它将成为别人的猎物，这个世界就是如此残酷。

2.3亿年前
今天的德国

生的气息在大海中蔓延开来，那是像冬末的冰块、早春的泥土一样，有一种蓬勃的力量在其中蠢蠢欲动。越来越多的生命寻着这气息而来，它们渴望冲破紧紧包裹着身体的外壳，完全把重生时的疼痛抛之脑后。

2.3 亿年前，今天的德国。

正午刚过，风便赶到了海上，海水被搅动地狂躁不安。风也打搅了云的午睡，云有些不太高兴，转瞬之间便涂抹上了浓重的墨色。

水面下还算平静，来自纯信龙家族的纯信龙本想安稳地休息休息，为晚上的捕猎积蓄些力量。可是凑巧，一只乌贼漫不经心地从不远处游来。纯信龙有些心动，虽然乌贼的个子大了些，可还是个不错的机会，它扭了扭身体，在心里做好了准备，便迎了上去。

受到惊吓的乌贼一下子跃出了海面，纯信龙也跟着蹿了上来，一场残酷的战争开始了。

2.3亿年前 今天的美国

真正让鱼龙家族在海洋中占据重要的一席之地的是杯椎鱼龙。

杯椎鱼龙的长相不大扎眼，单从外形上看，它们并不是一种非常适合海洋的动物。比如它们的鳍状肢很小，尾鳍的面积也相当有限，而且没有背鳍；它们身体细长，总是像海蛇一样大幅度地摆动身体，企图让自己游得快些，可结果它们总是海洋中行动笨拙的那个家伙；它

们的体型壮硕，能长到 6~10 米，可却无法给身长只有 1 米的幻龙带来任何威胁。

你一定以为它们是鱼龙家族中的匆匆过客，可惜，你错了。

即便有那么多不如意的地方，它们还是成功地将生存领地拓展到了全世界的海洋，成为分布范围最广的鱼龙之一。

人们总是只相信眼睛看到的东西，可事实是，真相总喜欢把自己隐藏起来，舒服地躲在一个角落等待你费力地去寻找。

2.3 亿年前，今天的美国。

一条杯椎鱼龙正愉快地向自己的同伴游去。因为家族的繁盛，它有数不清的朋友。

2.3亿年前
今天的挪威

如果你接受了刚才的教训，面对眼前这个家伙时，一定不会急着说些什么。

你要好好地思考，然后判断你所看到的究竟哪些是真实的，哪些是迷惑的。

“这样做很明智！”

这样居高临下的评价可不是我说，而是来自生活在 2.3 亿年前今天的挪威的混鱼龙。

混鱼龙正在海里觅食，它看起来神情轻松，一副胸有成竹的样子。虽然它的体长只有 1 米，在偌大的海洋里还不及一根大一点的水草长，可是这一点都不影响它的威力。

混鱼龙与杯椎鱼龙生活在同一个时代，巧的是，它们与杯椎鱼龙一样遍布全球的海洋。所以，如果你刚刚仅从它们娇小的身体便断定它们是海洋中弱者的话，现在一定要后悔了。事实上，在身材的掩盖下，是它们先进的结构——像鱼一样的外形，背部的背鳍以及几乎占身体一半的尾鳍，这些便是混鱼龙游向世界的强大动力。

2.3亿年前
今天的意大利

大海由寂寥变得热闹，并没有花去多少时间。在享受了一段悠闲自得的美好时光之后，重返大海的爬行动物们不得不开始各想奇招，好让自己在越来越激烈的竞争中占据有利地位。

与安顺龙同属海龙家族的阿氏开普吐龙，想办法把自己的生存领地拓展到了深海，相较于拥挤的浅海，那里既安静又安全。当然，你不必因为深海的幽暗而替它们担心，阿氏开普吐龙有着巨大的眼睛，它们的视力足以让它们应对无尽的黑暗。

这是 2.3 亿年前今天的意大利，一条独自享受着幽深的大海生活的阿氏开普吐龙，从海面上探出脑袋，与久违的世界打个招呼。

2.28亿年前
今天的中国

在 2.28 亿年前今天的中国贵州，有一种奇异的海生爬行动物——恐头龙，它们看上去想出了比阿氏开普吐龙更好的方法，让自己长一条超长的脖子。

长脖子能干什么，看看恐头龙就知道了。今天的中国贵州地区在 2 亿多年前是一片海洋，恐头龙就生活在那里。它的身体大约有 2.7 米长，而脖子就占了 1.7 米。它正慢慢地挪着身子在海中寻找食物，就在这时，一条不知趣儿的小鱼从它眼前游过，它没费任何力气，只是张开大嘴，那条超长的脖子便像吸尘器一样，将小鱼吸到了它的肚子里。

瞧瞧，这就是长脖子的作用，想要在激烈的竞争中脱颖而出，拥有强大的捕食武器必不可少。

2.28亿年前
今天的中国

恐头龙属于原龙目的长颈龙科，这个家族都有一条超长的脖子，之前我们在长颈龙那里已经见识过了，接下来我们还要再认识一位，那就是巨胫龙。

2.28 亿年前，今天的中国贵州，巨胫龙和同伴正在岸上悠闲地晒太阳，它们皮肤上的花纹被阳光照得分外好看。

这不光是为身体积蓄能量的时间，也是它们独特的释放压力的方法，为了能在竞争中赢得更多的胜利，短暂的休整是非常必要的。

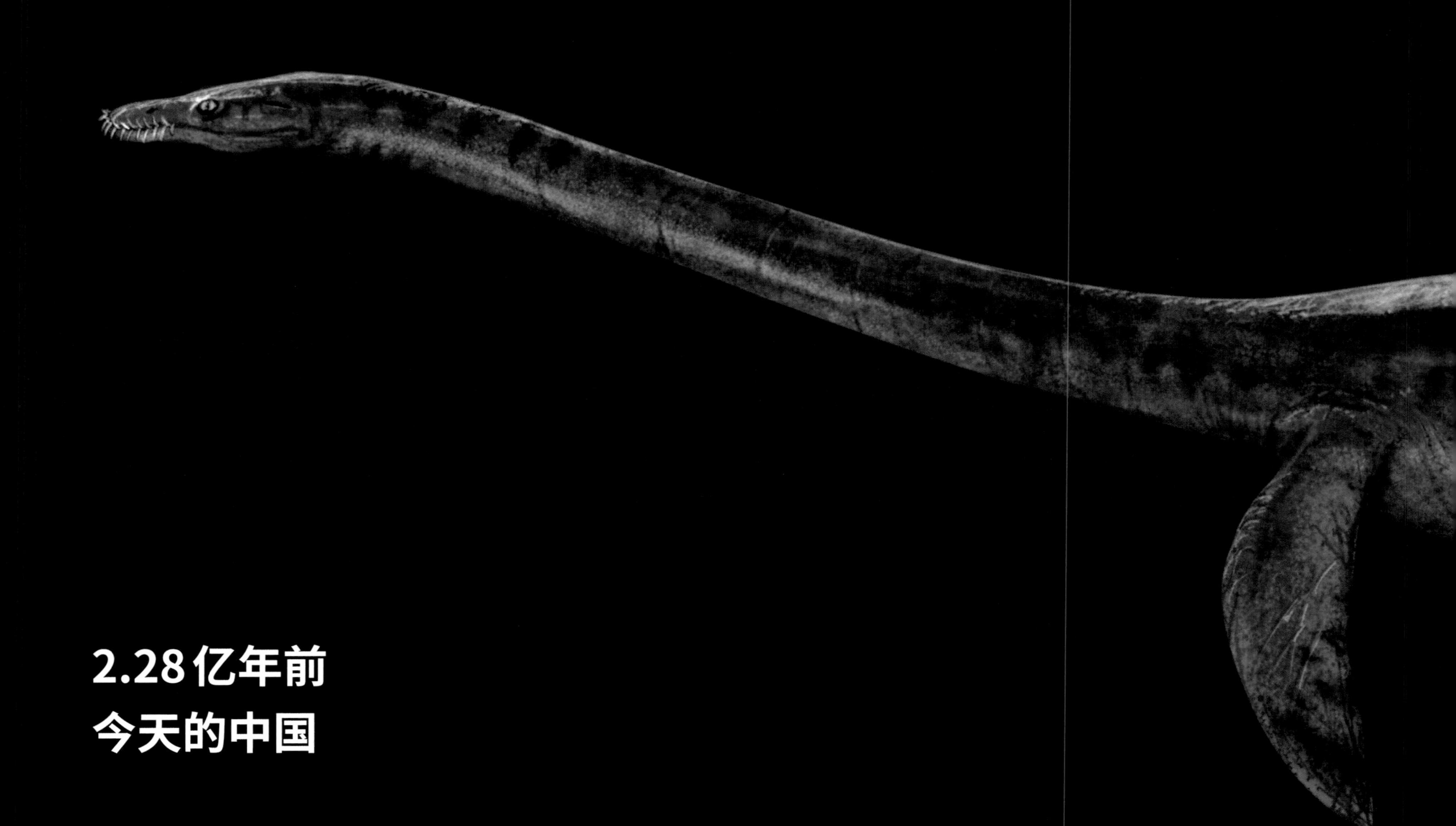

2.28亿年前
今天的中国

2.28 亿年前今天的中国贵州，云贵龙划动着四个鳍状肢从遥远的地方赶来，它像是大海中一位优雅的妇人，缓缓前行。这真是一场令它心旷神怡的旅行，它对周围的一切都充满了好奇。不过，也有一些“景色”让它感觉不适，每当遇到血腥的残杀，它便要紧闭双眼，快速逃离。

云贵龙来自纯信龙家族，它们有一个著名的亲戚——幻龙类。不过，云贵龙喜欢独处胜过热闹，所以它和亲戚们的来往甚少。即便是到幻龙类的地盘上旅行、居住，它也不会提前和它们打声招呼。

2.25 亿年前
今天美国

别总是抱怨你生活的地方不对，环境不好，你遇到的家伙全都不顺你心意，生活就是这样，它们五彩斑斓，而且恣意任性，我们能做的就只有努力适应。这个道理，连生活在 2.25 亿年前今天的美国的墓穴齿龙都懂。

墓穴齿龙是鱼龙家族成员，它们的体型不大，只有 1~3 米，有一前一后两对鳍状肢。单从体型上看，它们似乎并不属于家族中的优势物种，但是它们并没有自卑气馁，而是练就了一种超高的能力——根据不同的环境在体型和结构上进行调整。所以，它们自从出现后，就悠哉悠哉地在海中畅游了差不多 2000 万年，比很多优势物种的生存时间都长得多。

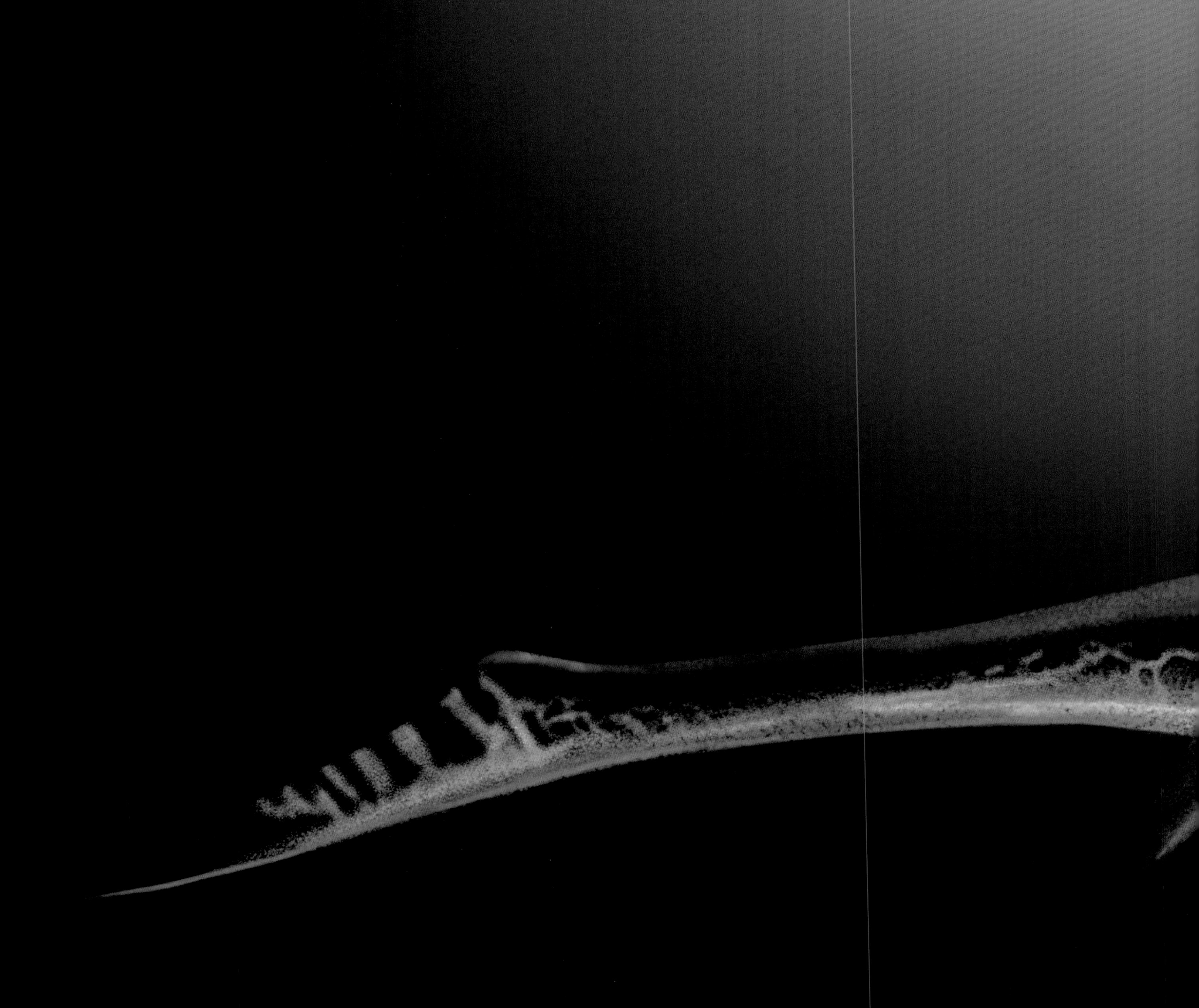

2.25亿年前
今天的美国

与墓穴齿龙相比，萨斯特鱼龙的境遇就好多了，它们不用在自己的身上费力地寻找优点，因为它们是三叠纪鱼龙家族的大明星，是分布最广泛的鱼龙类之一，收罗了一大堆成员，从几米长到几十米长都有。

2.25 亿年前，今天的美国。

萨斯特鱼龙面带严肃的表情，巡视着自己的领海。它是这一带的统治者，拥有完美的流线型的身体。它的鳍状肢发达，拥有优秀的转向和平衡能力，能够在水中快速移动。它凭借敏锐的观察力洞察周围的一切，一旦发现危险便会全力出击。

萨斯特鱼龙是一位尽责的王者，它无时无刻不在凭借着自身的力量保卫着这片家园。

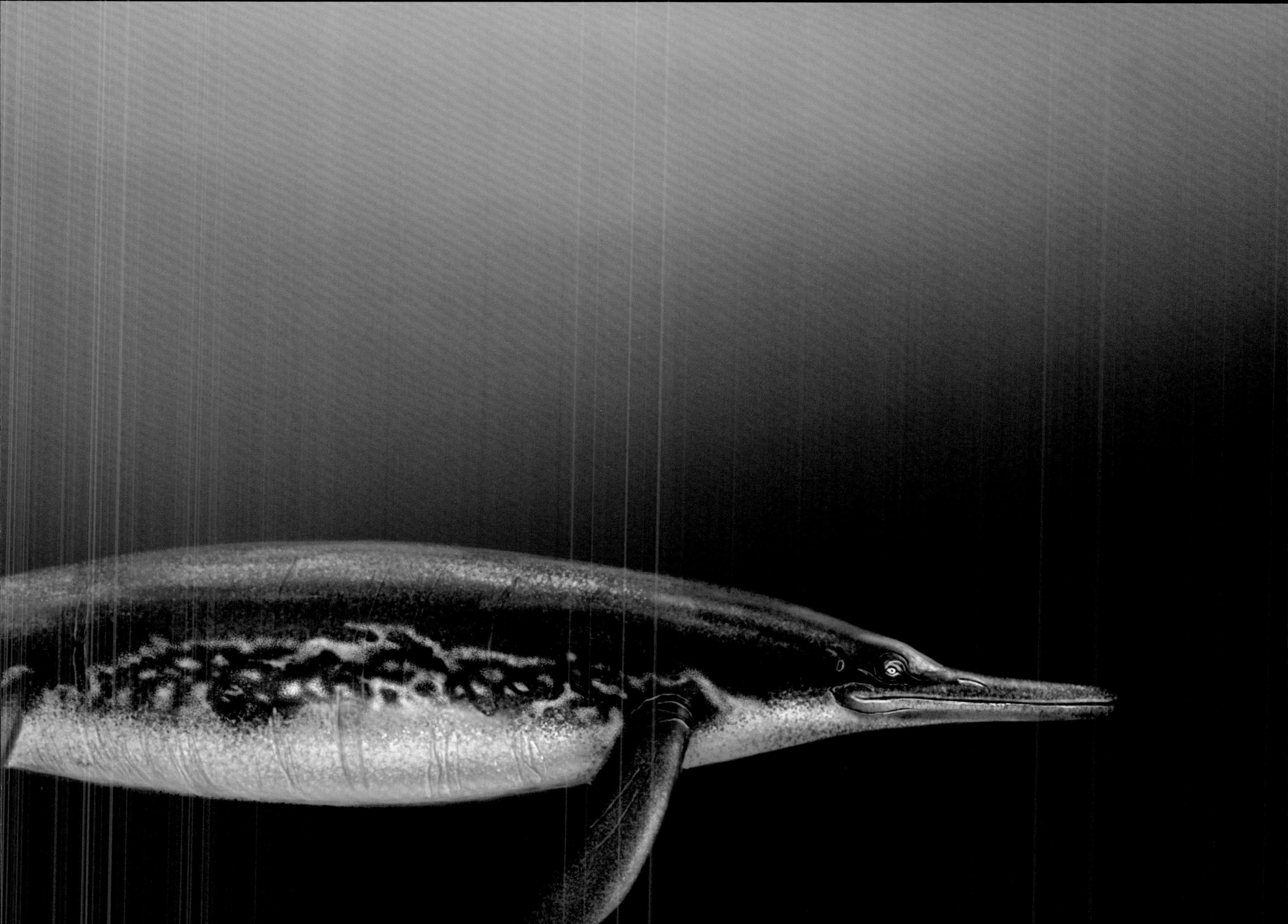

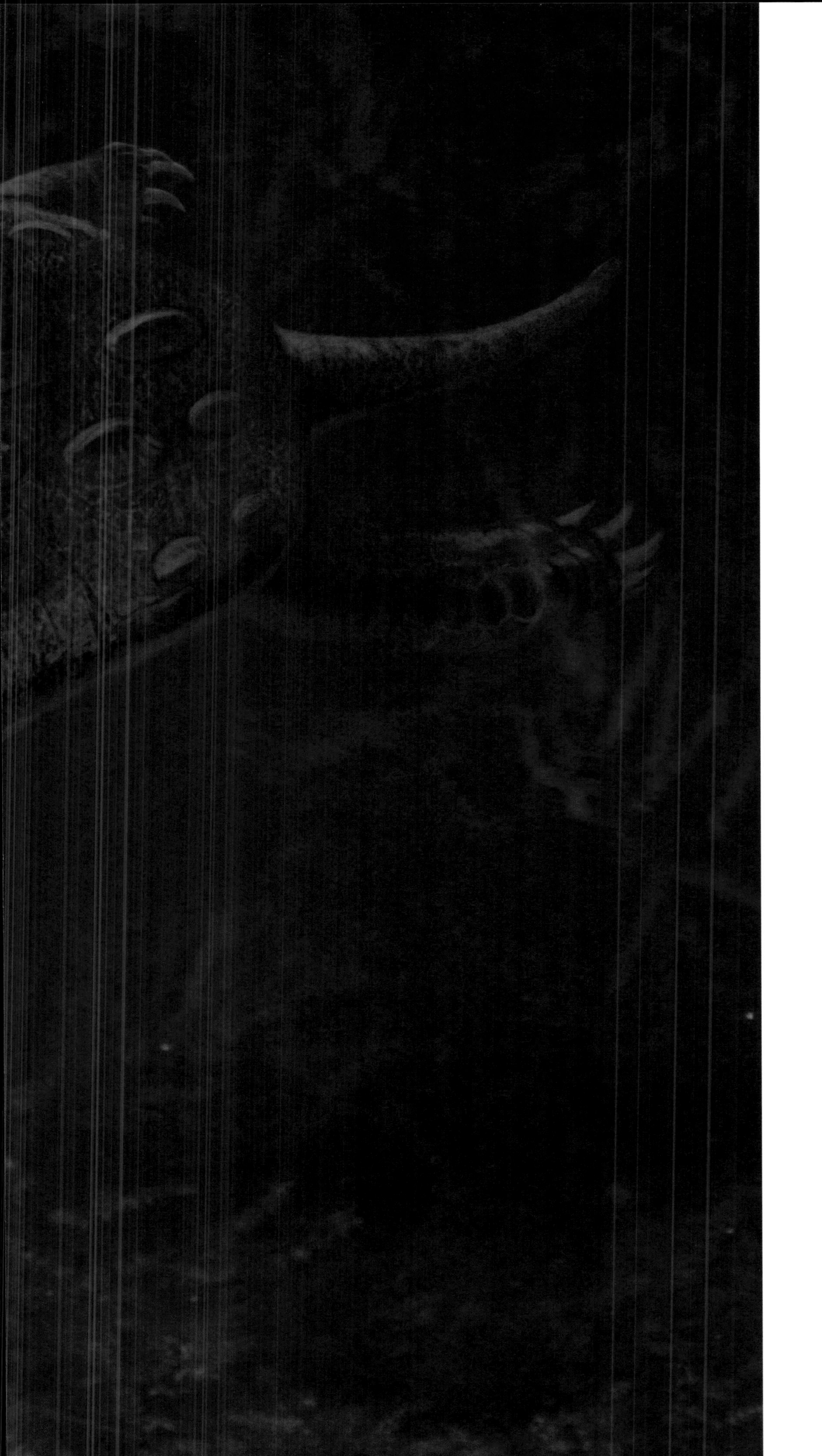

2.25亿年前
今天的德国

整个三叠纪，海洋爬行动物就如同听到了命令一般，进入了爆发式的发展。这是古生代末生物大灭绝后全球生物复苏波澜壮阔的一幕，充满了令人震惊的戏剧性。即便是受限于身体结构，而无法成为游泳健将的楯齿龙类，也没有因此停滞自己前进的步伐。它们在晚三叠世大有遍布世界的声势，在欧洲、北非、中东还有中国贵州等地，都能寻到它们的身影。

2.25 亿年前，今天的德国。

扁齿龟龙微笑着在水底寻觅食物。扁齿龟龙是乐观的楯齿龙家族成员，虽然这几天的食物明显有些匮乏，可它并没有因此沮丧或者愤怒。它的肚子当然也会因为饥饿而咕咕叫，但是它知道发脾气解决不了任何问题。所以每一次出门捕食，它都笑容满满，而且还会在心里

2.2亿年前

今天的美国

虽然海洋中的动物越来越多，可是鱼龙家族的优势地位却越来越明显，这离不开它们在体型上的变化，为了能够适应海洋生活，它们付出了艰辛的努力。

2.2 亿年前，今天的美国，加利福尼亚鱼龙朝着海洋中的那束光游去。

那一定是太阳带来的光亮，就在接近海面的地方。海水被阳光拥抱着，就像陷进了蓝宝石的天堂，处处闪耀着迷人的光泽。加利福尼亚鱼龙抵挡不住那诱惑，扭动着自己像海豚一般的身体，冲进光里。它游得很快，瞬间便把安静的蓝宝石搅动得舞蹈起来。

加利福尼亚鱼龙的出现就像是一场暴雨，为鱼龙家族带来了前所未有的冲击。它一改鱼龙家族往日像粗壮的蜥蜴一样的身体，变得更加接近具有完美流线型的鱼类。它长出了背鳍，尾鳍也开始增大，这一切都预示着鱼龙这一古老的家族，正以坚定的步伐迈向海洋统治者的宝座。

2.2亿年前
今天的中国

海洋是一个美到会让人窒息的地方，它吸引着一批又一批的游客蜂拥而至。他们在这里驻足、拍照，说些或诗意或浪漫的话，如果动作够轻，不惊扰到海洋中的居民，对那些整天守护着大海的动物们来说，倒也是消遣。可是在亿万年前，地球上没有人，也没有多少不愁温饱的旅行者，所以黔鱼龙的生活便显得有些寂寥。

2.2 亿年前，今天的中国贵州。

拥有超大眼睛的黔鱼龙正在以巨大的热情追捕一条看上去很小的鱼。这画面似乎有些滑稽，可它并不在乎。它不会介意自己的食物有多大，它的肚子现在饱饱的，根本就不需要大块的鱼肉来填充。它不过是把这种捕食的过程当作游戏，它总要找些事情来为生活增添点儿乐趣。

2.1亿年前
今天的意大利

诞生于早三叠世末和中三叠世初的海生爬行动物，经历了爆发式的增长，在中三叠世达到了辐射发展的顶峰。就在它们自信满满地在生命的舞台上起舞时，却在晚三叠世再次遭遇衰落。除了鱼龙家族以及从幻龙家族进化而来的蛇颈龙家族跨越了三叠纪，一直繁衍生息到白垩纪外，其余的类群终究没能逃脱败落的命运。

2.1 亿年前，今天的意大利。

砾甲龙正在用自己宽大的脚掌边爬边游，它要去吃喜欢的藤壶。它的体型很大，身长能够达到 1.8 米。它的背上有坚硬的龟壳，腹部也有腹肋保护，并不容易受到敌人侵袭。

砾甲龙是楯齿龙家族的最后成员之一，见证了家族的衰败。

寂静的侏罗纪

进入侏罗纪后，广阔的海洋，以及河流、湖泊等淡水区域，虽然依旧有数量众多的水生爬行动物，但是因为物种种类减少，几乎成了鱼龙类和蛇颈龙类两大家族的世界。与纷乱的三叠纪相比，不觉寂静起来。

鱼龙类是一群外形类似于鱼或海豚的大型水栖爬行动物。它们虽然不是最早入水的爬行动物，却是最为成功的水栖爬行动物之一。鱼龙家族成员的体型因为属种的丰富而颇具差异，既有 2 米长的小个子，也有超过 20 米的超大个体。它们的分布范围极广，今天的欧洲西部、北美洲、亚洲的中国南部都是它们集中出现的地方。在大约 1.5 亿年的生存时间里，它们不断地突破自己，来适应水中的生活。它们成功地登上了食物链的顶端，成为名副其实的海洋霸主。不过，鱼龙家族的辉煌并没有延续到白垩纪末期，它们的优势地位被后起之秀——蛇颈龙类所取代。

蛇颈龙类演化自较早的幻龙类，其下无论是拥有长脖子的蛇颈龙亚目，还是脖子较短的上龙亚目，都是适应水生生活的优势物种。它们出现不久，就已经遍布世界，并成功地取代了鱼龙家族的统治地位。它们将优势一直保持到白垩纪，直到沧龙科动物的出现打破了这一格局。尽管如此，蛇颈龙家族还是将生命一直延续到了中生代末期。

侏罗纪的海洋虽然也有其他水生爬行动物的存在，但是占据主流地位的仍然是鱼龙类与蛇颈龙类，它们之间的较量影响着整个侏罗纪海洋的格局。

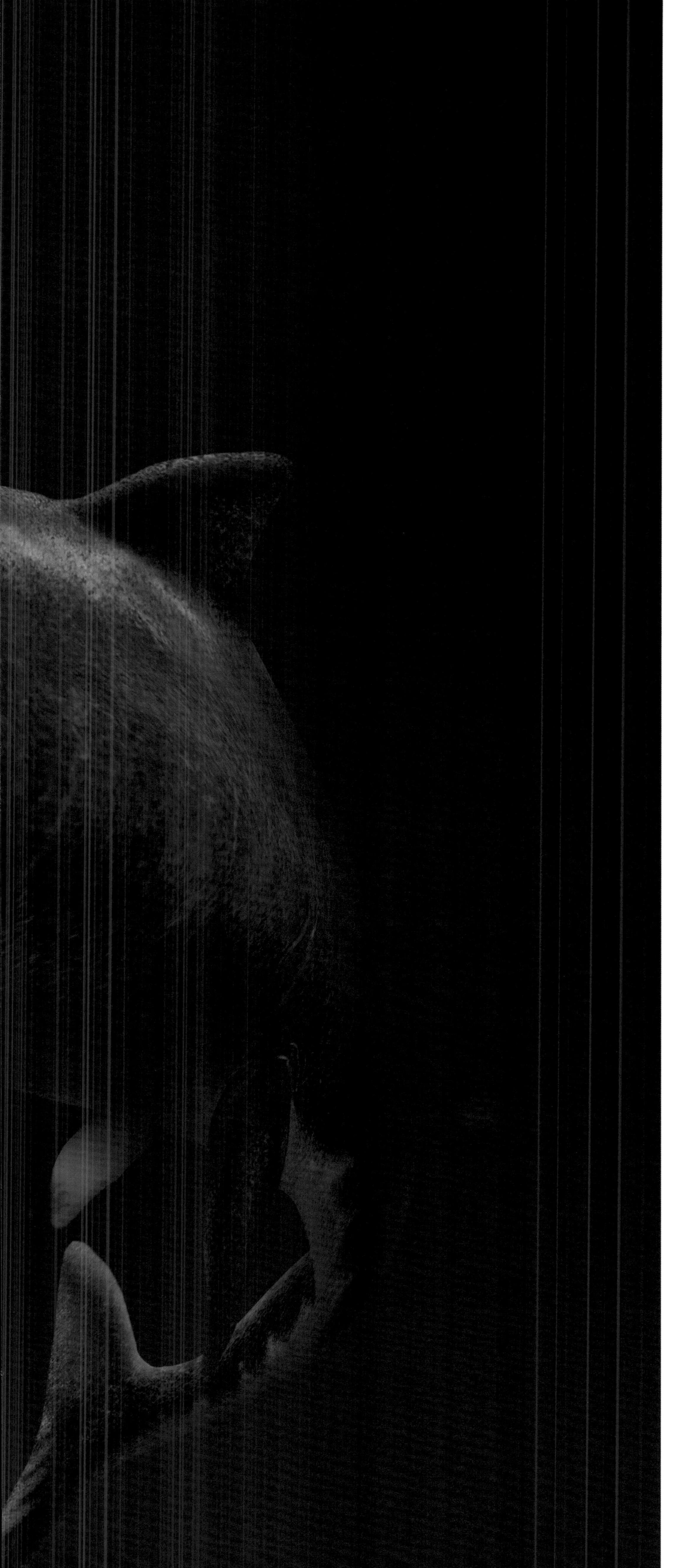

1.98 亿年前
今天的英国

时间从三叠纪滑向侏罗纪，海洋中虽然依旧热闹非凡，可故人终归已离去，喧嚣的都是新人。这新人中，经历过孤独、彷徨、犹疑、绝望，也拥抱过安逸、欣喜、希望、美好的鱼龙家族，几乎占据了一半。虽然它们的数量无法超越晚三叠世第二次大爆发时的辉煌，但是它们已经完全摆脱了刚诞生时呈现出来的原始形态，而是圆鼓鼓的看上去更像今天的海豚，它们已经可以很好地适应水中的生活了。

1.98 亿年前，今天的英国。

离片齿龙在尖长的口鼻部的带领下，在海洋中寻找喜欢的食物。它的身边不时地有小鱼游过，可是它大大的眼睛连看都不看它们一眼。它有着粗壮的脑袋、强壮的下颌骨，有能力捕捉更大的猎物。所以，它从来都不为难那些小不点儿，就让它们的生活多一些希望吧，那样说不定可以长得更大呢，它想。

1.89亿年前
今天的德国

1.89 亿年前，今天的德国。

又到了狭翼鱼龙的游戏时间，它一边游一边要找一片海水是彩色的地方。彩色的海水？对，你可没听错，阳光的爱抚可以让海水变成彩色的，这个秘密恐怕只有有心的狭翼鱼龙能发现。它游了不多久，眼前就出现了一片绚丽的颜色，像是掉进大海的“彩虹”。它停了下来，看上去它已经选好今天游戏的场所了。

狭翼鱼龙调整了一下身体的姿势，冲进“彩虹”里。然后，好像一瞬间，它圆滚的身体从海水里冲了出去，带着漂亮的水花蹦出了海面，真的冲向了阳光里。

找到彩色的海水，才能在离开海面时离阳光更近，这就是狭翼鱼龙的游戏。

狭翼鱼龙是侏罗纪时期鱼龙家族的典型代表，它的身体呈漂亮的流线型，拥有背鳍和很大的尾鳍，它们能够为它在水中的快速前行提供足够的动力。

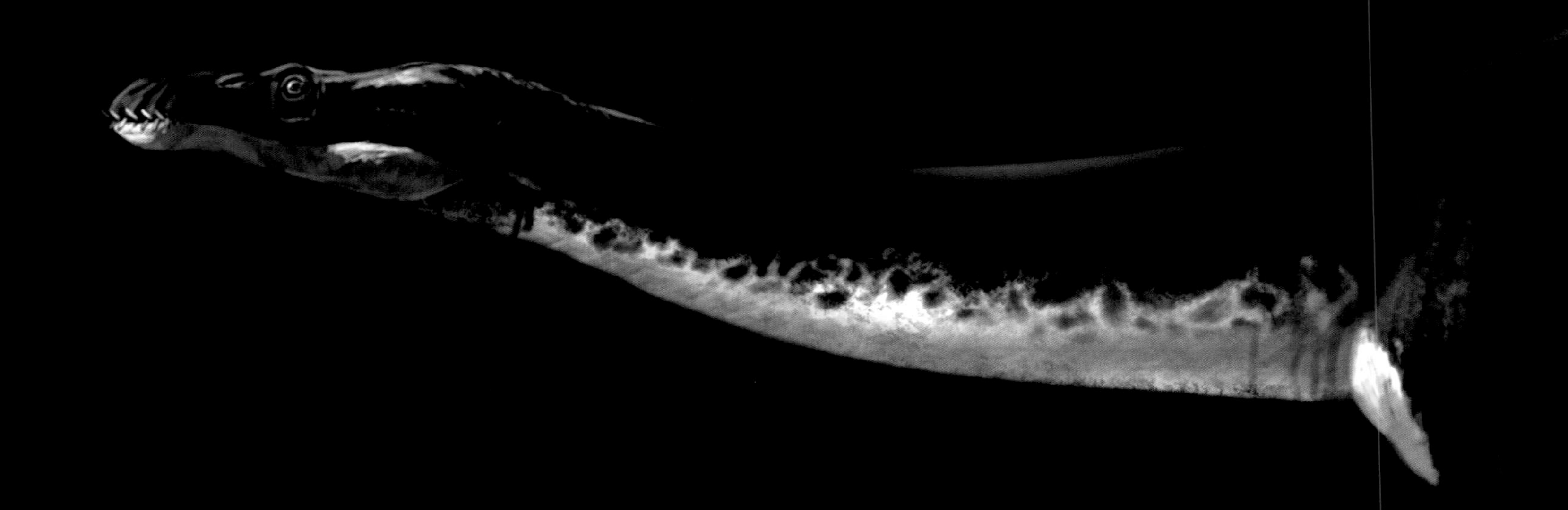

1.83亿年前
今天的英国

经过了三叠纪末期的那次灭绝事件后，与幸存的鱼龙家族共享大海的是蛇颈龙家族。蛇颈龙家族演化自较早期的幻龙类，其下根据形体特征可以分为两大类：一类有着小脑袋、长脖子，生活在浅海，名叫蛇颈龙亚目；另一类脑袋很大，脖子粗短，生活在深海，名叫上龙亚目。接下来我们要看到的彪龙就是上龙亚目成员。

1.83亿年前，今天的英国，彪龙正急速向家赶去。

幽暗的深海几乎没有光亮，可是彪龙从来不会迷失家的方向。家是一个神奇的地方，就算它一天辛苦的捕食会让它筋疲力尽，就算它在捕食中遇到了很多愤怒或者悲伤的事，可只要一回家，见到心爱的妻子和可爱的孩子，那些可怕的情绪就像太阳底下的冰激凌，没一会儿就全都融化了。

1.8亿年前
今天的英国

1.8 亿年前，今天的英国。

一整个早上，大个子蛇颈龙都在气喘吁吁地追一条小鱼，这可真滑稽。

事情是这样的，蛇颈龙本不打算这么早就起来捕食的，可是有一条调皮的红色小鱼，正好在它打哈欠的时候从身边游过。它想既然这么凑巧，不如就来个丰盛的早餐好了。于是它张开“U”形的大嘴想要把小鱼一口吞到肚子里。

可是它没想到红色的小鱼机灵极了，刺溜一下就从它的嘴边逃走了。这可把它惹怒了，它四个鳍状肢奋力一划，追了出去。

小鱼游得很快，在前面左躲右闪。蛇颈龙虽然也游得很快，但是因为个子太大，总是没有小鱼那么灵活。费了好大的力气，眼看就要追上了，小鱼却蹭地一下调转方向，向上游去了。

蛇颈龙有些恼怒，可也没有办法，有时候胜利并不总是按照体型来分配的。现在它只能听着小鱼的笑声默默地喘口气了。

和彪龙不同，蛇颈龙是蛇颈龙亚目家族的成员，它的脑袋很小，脖子很长。但是和彪龙一样，都没有尾鳍，只能靠鳍状肢来推动身体前行，那条尾巴就只用来控制行进的方向。

1.8亿年前
今天的法国

偌大的海洋似乎潜藏着无数食物，可捕食却仍旧没有想象中那么容易，当然，有谁会乖乖地让自己成为猎物呢！于是，即便是稳居海洋霸主地位的鱼龙家族也常常要想些办法，让猎捕变得更容易。之前我们已经见识过了它们为了更好地控制身体的运动而把身体变得像海豚一样，现在我们再来看看它们的另外一些独门绝技吧！

1.8 亿年前，今天的法国。

那时的海洋里生活着一个“尖嘴恶魔”，它叫真鼻鱼龙，光是听听这个名号就让人双腿发抖。

真鼻鱼龙有一个长长的像箭一般的上颌骨，长度几乎占了整个头骨长度的 3/4，上面还布满了尖利的牙齿，它就是用这个来捕食的。

你瞧，真鼻鱼龙看上了一条鳐鱼，它先用嘴巴不停地搅动泥沙，把鳐鱼的家园摧毁，然后逼迫鳐鱼从泥沙里钻出来，再一口逮个正着，连追捕猎物的时间都省了。

1.7 亿年前
今天的中国

1.7 亿年前，今天的中国重庆。

湖水异常平静，却隐约透露着一丝令人窒息的恐怖的味道，就像渝州上龙此时的表情。

渝州上龙静静地在怪石嶙峋的湖底游荡，锋利的牙齿向外呲着，警示着一切想要靠近它的生物。在这片湖水中，它 4 米的体长并不算大，但是它生性凶猛，体型上的一点点缺陷丝毫不会影响到它与对手之间的厮杀。

此时的渝州上龙正在心里酝酿着一场大战，交战的对手早已经确定，也难怪紧张而恐怖的气息从它的眼里一直蔓延到了水中。

侏罗纪时期的蛇颈龙家族大多生活在今天欧洲地区的海洋中，但是渝州上龙却是个另类，相比汹涌的大海，它更喜欢在相对平静的淡水中显示自己的威猛。

1.7亿年前
今天的阿根廷

在不捕食的时候，大海里的动物们其实大多数时间都是非常安静的。它们优雅地游动着，任凭海水抚过身体，它们欣赏风景、寻找爱人，或者干脆什么都不打算做，只是懒懒地顺着水流漂动，这样的时光就已经非常美好了。

1.7 亿年前，今天的阿根廷。

察凯科鱼龙如往常一样独自享受着美好的下午，它游一游停一停，虽然每天都生活在这里，可它总是能发现一些新鲜玩意儿。遇到了，它就停下来看看，碰上让它欢喜的，便要笑呵呵地看上许久。

这天下午，察凯科鱼龙又发现了一个它从未见过的，那不是什么风景，而是一只漂亮的雌性察凯科鱼龙。它一定是从遥远的地方来到这里的，身体上披满了疲倦。察凯科鱼龙静静地守候着它，不忍心去打扰它，要等它好好休息一番再去打个招呼。

1.67亿年前
今天的法国

除了鱼龙和蛇颈龙两大家族，在侏罗纪的海洋中，还活跃着一群高效的掠食者——海生鳄类。鳄类在三叠纪时就已经出现，不过，那时候还是完全的陆生动物，身披鳞甲，活跃在陆地上。但是到了早侏罗世，由于大规模的海侵，导致陆地范围缩小，一部分鳄类就开始尝试海陆两栖或者完全海生的生活，它们被称为海鳄类。

1.67 亿年前，今天的法国。

自从地蜥鳄来到这片海域后，这里的居民便惶惶不可终日。它们整天窝在家里，再不敢像从前那样游来游去享受美好的时光，如果不得以要出去觅食，也要看个清楚，确定地蜥鳄不在附近才敢出动。它们绝不是些胆小的家伙，可是地蜥鳄实在是太厉害了，它卸下了沉重的铠甲，四肢已经演化成了鳍状肢，尾巴也像鱼鳍一样。它对任何猎物都感兴趣，游动的速度极快，眨眼之间就能吞掉鱼、菊石、蛇颈龙的幼崽，甚至会跃到水面上捕捉小型翼龙或是巨大的利兹鱼。

眼下，它们拿这个怪兽毫无办法，唯一能做的就是忍耐和逃跑。

1.65亿年前
今天的英国

我们常常被自己的双眼所欺骗，我们总是只相信我们看到的，可是如果我们就此懒惰地将大脑关闭不再思考，那我们离真相就会越来越远。

1.65 亿年前，今天的英国。

在一片蔚蓝的海水中生活着一个明星，它的名字叫作大眼鱼龙。它之所以出名，可不是因为它泪滴型的漂亮的身体，说实话，它的同伴们的样貌也都不差。它的名声来自于它的神秘，鱼龙家族的其他成员总是这样说：“你从来都没见过大眼鱼龙捕食猎物，可它一点都不会饥饿。它应该天生就是不吃东西的，这可真是太奇怪了。”

这下你明白了吧，因为永远不捕猎也不进食，大眼鱼龙成了这一带的明星。可这是真的吗？

夜深了，劳累了一天的鱼龙们不再议论奇怪的大眼鱼龙，全都睡着了。可大眼鱼龙却睁着大大的眼睛，机警地四处观察。忽然，它隐约看到了一丝动静，便一头扎了下去。不出几分钟，它便又返了回来，像什么都没发生过。

大眼鱼龙那双超大的眼睛可以在幽暗的深海准确地看到猎物，所以它喜欢在安静的夜晚捕食，可那些在熟睡中的同伴们从来都没想过这点。

1.65亿年前
今天的英国

蛇颈龙家族的发展速度令人惊讶，有时候，就连它们自己也不太适应这种变化。

1.65 亿年前，今天的英国。

一个美美的午觉过后，隐锁龙觉得神清气爽，连日来的疲累一下子都消失了。它从另一片遥远的海域一路游到这里，原本只是想在此做个短暂的停留，继续它的旅行。可是来了之后，便被这里安逸的生活吸引了，就想在这里安下家来。这里的确是美好，没有急不可待的杀戮，一切都是慢慢的、平和的，就连捕食也不失几分优雅。

在外人看来，隐锁龙是个不折不扣的掠食者，体长 8 米，能吃掉它想要的任何一个猎物。可是从来不会有人知道它的内心是那样柔软，它所渴望的生活全都在这里。

隐锁龙轻轻地划动着身体，尽量让自己看起来像这里的居民一样温柔，可是它庞大的体型、锋利的牙齿还是没办法隐藏起来，它怀着无比美好的心情想要融入它的新家，可是见到它的鱼群还是惊恐地四下逃窜。

家族的快速发展让隐锁龙不再担心饥饿，可是它再也不会像从前那样容易交到朋友。隐锁龙有些伤心地返回住所，它想时间长了大家终会了解它的。

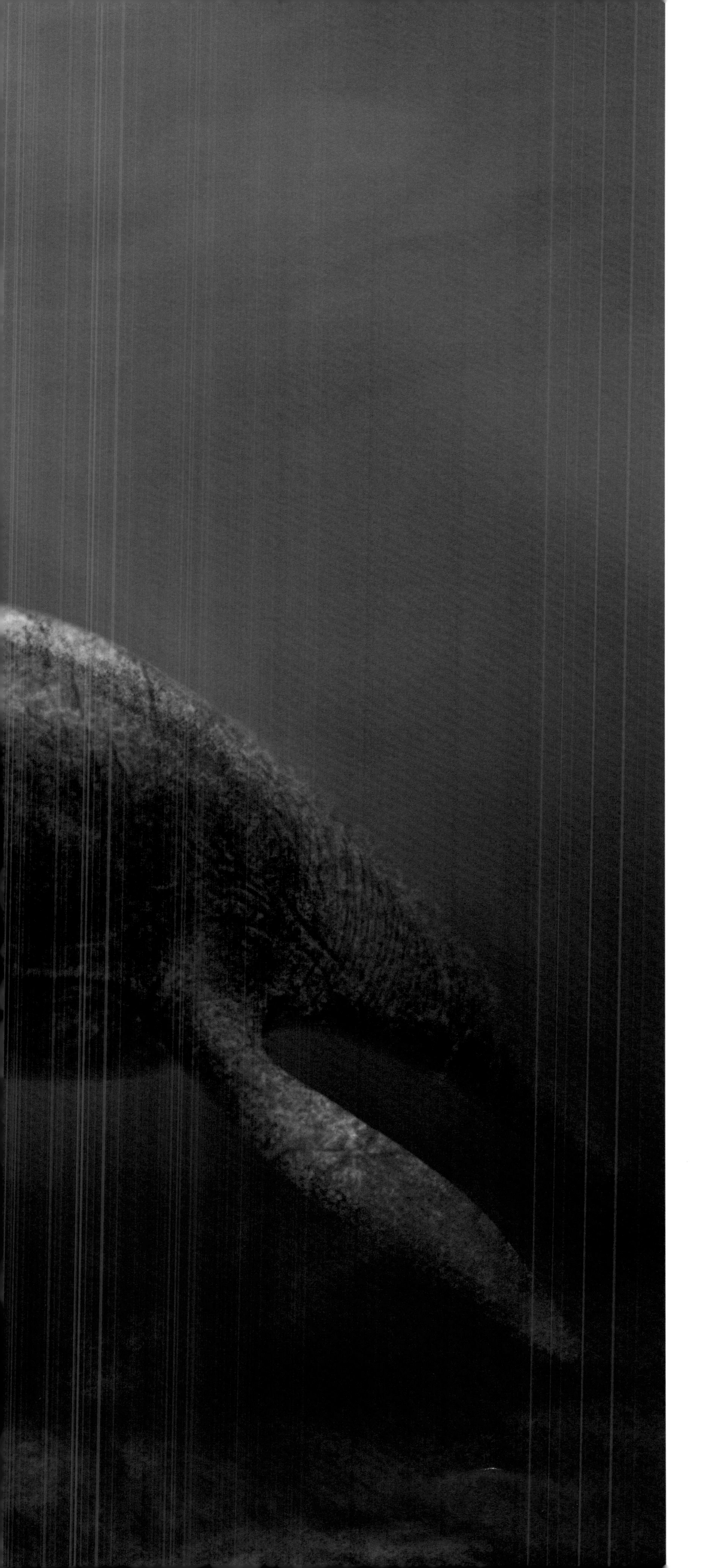

1.64亿年前
今天的中国

1.64 亿年前，今天的中国重庆。

傍晚是一场化妆舞会开始的时间。所有的家伙都急匆匆地赶到化妆师——阳光那里，等待着给自己一个全新的装扮。天空是最早到的，阳光像一位神奇的魔法师，眨眼之间就将它勾勒成了油画一般。紧接着是大海，清亮的海水被涂涂抹抹就变成了一位待嫁的新娘一样，娇羞动人。再来，就是各种各样的动物了，它们推推搡搡，争抢着好位置，那样才能换上一个漂亮的样子。忙碌了一天璧山上龙也早早地游向了水面，它今天捕猎的成果显著，肚子饱饱的，看来可以好好地在舞会上放松一下了。它等待着阳光空闲下来的时候，能穿透水流，给它一个梦幻的妆容。

璧山上龙继承了上龙家族的威猛气质，长有长而尖锐的牙齿，能够轻松地捕获鱼类，是河流和湖泊中的厉害角色。

1.6亿年前
今天的英国

进入到侏罗纪后，蛇颈龙家族的优势很快就显现出来。它们不仅快速辐射到了全世界的水域中，而且体型增长迅速，似乎一夜之间就诞生了众多大型物种，海洋里到处充斥着庞大的凶猛的怪兽。

1.6 亿年前，今天的英国。

滑齿龙安静地埋伏在水中，等待猎物的到来。

滑齿龙是这带海洋中出了名的怪兽，它体长 7 米，大而凶猛。更可怕的是，它总是喜欢潜伏在什么地方，然后在猎物毫无防备的情况下，冲出来，发出致命的一击。这里的居民都把它叫作“黑暗潜伏者”。

此刻，它又在执行一次黑暗计划，它平静地躲在暗处，像一个久经沙场的冷酷杀手。可是在岸上散步的美扭椎龙并不知道，它悠闲地在岸边走来走去，想找一个适合饮水的地方。

美扭椎龙最终选定了一个不错的位置，那里地势低矮，很容易喝到清凉的河水。它高兴地低头准备享用，可就在这时，滑齿龙猛然从水中冲了出来，扑向它早已锁定的猎物。

滑齿龙张开血盆大口，紧紧咬住了美扭椎龙，美扭椎龙想反抗，可是已经来不及了！

1.6亿年前
今天的英国

海鳗龙也生活在 1.6 亿年前今天的英国，和滑齿龙相比，它温柔许多。这倒不是说它的猎捕本领赶不上滑齿龙，相反，正因为从来不为捕食发愁，它可以更多地去关注生活中其他可爱的事情。看得多了，凶猛的性情就收敛起来，自己慢慢也变得可爱许多。

就像现在，它忽然发现每天都经过的那条路上多了一个蓝紫色的珊瑚，或许那珊瑚原本就在那里，只是它从来没有注意到而已。珊瑚说不出有多漂亮，蓝得像天净的天空，中间又透着紫色水晶般的光芒，它像是在海洋中展览的珠宝，高傲、优雅地站在那里，只供大家欣赏。

海鳗龙一下子就被珊瑚高贵的气质吸引了，可是它没有去触碰，只是闭上眼睛，远远地、轻轻地感受着，怕惊扰那降临在海洋中的仙子。

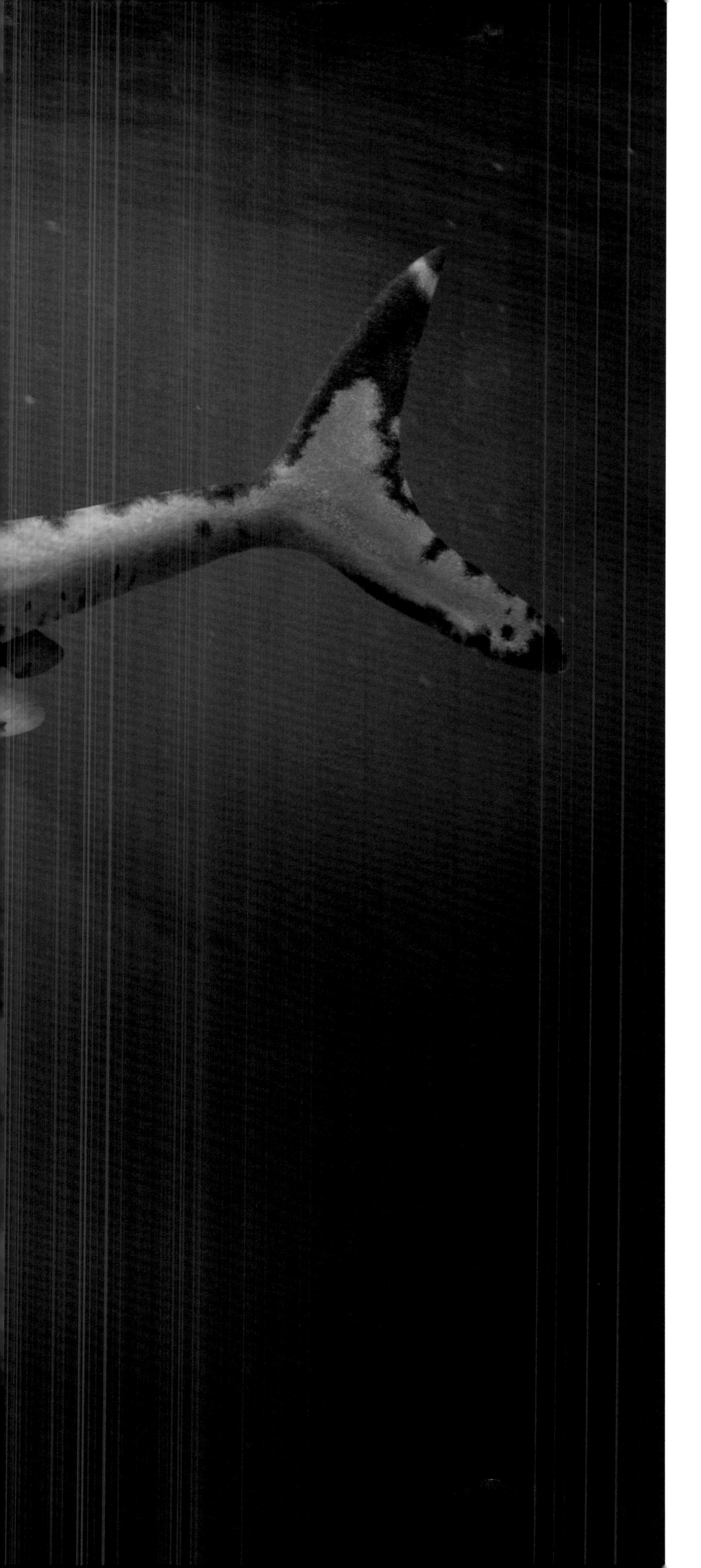

1.5亿年前
今天的阿根廷

早侏罗世的兴旺并没有给鱼龙家族带来太多的好运气，虽然它们已经竭尽全力在形体或者嘴巴等它们能想到的地方做出改进，可是它们碰到了更加强劲的对手——上龙家族。凶猛的上龙类拥有庞大的身体和锋利的牙齿，它们的出现像暴风一样搅乱了大海，已有的格局被瞬间打散。从中侏罗世开始，鱼龙家族呈现出明显的衰败迹象，虽然它们中的几支将生存地点拓展到了今天的南美洲，但是到晚侏罗世，整个家族活跃在大海中的数量已经屈指可数了。

1.5 亿年前，今天的阿根廷。

卡普雷鱼龙与同伴们栖息在深海，等待着一个合适的猎捕机会。虽然它的身体已经能够很好地适应水中的生活，宽而有力的尾鳍、四个粗壮的鳍状肢，都能给它的快速出击提供足够的动力。还有它那双大眼睛，似乎能够洞悉周围的一切。可是这并没有给它的生存环境带来太多的改变。海洋中凶猛的角色越来越多，身长只有 3 米的它，为了能够成功地抓捕一些小鱼，不得不与同伴们一起结队出行。

1.48 亿年前
今天的英国

除了南美洲，晚侏罗世的欧洲也是所剩不多的鱼龙家族聚集地之一，它们依旧在不懈地努力，试图在与蛇颈龙家族的斗争中扳回一局。

1.48 亿年前，今天的英国。

小鳍鱼龙是鱼龙家族中比较奇特的成员，它最大的特点就是拥有非常短小的四肢，它们的长度还不及脑袋长度的一半。不过，你千万不要以为小鳍鱼龙是在自暴自弃。它的身长大约只有 3 米，体型很小，在竞争激烈的生存环境中不占什么优势。可是它总得为自己的生活做点什么吧。于是，它想出了让四肢变小的办法，这样可以提高它的游泳速度，让它成为不折不扣的高速捕食者。这下好了，既然不够大，那就要够快。如果你能回到晚侏罗世的那片海洋，就能见到一个像旋风一样的家伙，它在海洋中划动着四个小小的鳍状肢，游来蹿去，是海洋中一道独特的风景线，它就是小鳍鱼龙。

1.45 亿年前
今天的德国

鱼龙家族与蛇颈龙家族的较量还在继续，虽然古老的鱼龙家族传承着永不放弃的家族精神，可是面对强大的敌人，精神制胜法有时候并不奏效，它们在一次又一次的争斗中败下阵来。也难怪，你就瞧瞧只有 2 米长的阿戈尔鱼龙那娇小玲珑的样子吧，实在不像征战的将军。

1.45 亿年前，今天的德国。阿戈尔鱼龙紧张兮兮地在大海中钻来钻去。

“你停下来好吗，哪怕只安静一会儿，我的头都疼了。”阿戈尔鱼龙的同伴对它说。

“不，不行，这里到处都是危险的家伙，一不小心我就会成为它们肚子里的美食。”阿戈尔鱼龙的声音听上去在发颤。

“可是，你有锋利的牙齿，你可以保护自己。”同伴提醒它。

“在那些可怕的怪兽面前，我的牙齿只能为它们挠挠痒痒。”阿戈尔鱼龙说着游得更快了，为了应对凶猛的敌人，它恐怕只剩下速度这一招了。

1.45亿年前
今天的德国

就在海洋中的鱼龙和蛇颈龙两大家族热衷于争夺胜负的时候，海鳄类已经抓住时机悄然壮大。它们在短时间内就完全适应了海中的生活，成为全球分布的物种，凭借自身的优势站在了海洋中顶级掠食者的队伍中。

1.45 亿年前，今天的德国。

一只翼龙正趁着好天气在空中兜兜转转，一边享受微风，一边欣赏身下广阔的大海。它时而飞高时而又落下来，让漂亮的羽毛沾上些海水，再呼啦啦地把海水带到空中。翼龙玩得正高兴，可忽然，它看到凶猛的达克龙从海面上冲了出来。这可是个可怕的家伙，就连生活在天上的翼龙都听过它的名号。翼龙吓坏了，抖动着翼展费力向天空飞去。可飞了一阵，翼龙忽然发现在达克龙的嘴巴上方，还有一条很小的鱼龙类动物，它正挣扎着不让达克龙吃到，可看样子这样的挣扎是徒劳的。

翼龙这才明白，在它到达这片海面之前，达克龙就已经在海里开始了一场恶战，而它并不是被捕食的目标。

死里逃生的翼龙胆战心惊地停留在半空中，它看着达克龙还没落回水里，就已经用嘴巴里那 100 颗巨大的牙齿把鱼龙撕了个粉碎，它不知道自己是该悲伤还是高兴。

汹涌的白垩纪

进入到白垩纪后，鱼龙家族所剩不多的成员已经无法在海洋中掀起巨浪，强大的蛇颈龙家族成功地取代了它们，成为海洋的霸主。可是，这样的日子并没有持续多久，蛇颈龙甚至还没有来得及为自己庆祝，凶猛的沧龙科动物就出现了。

在亿万年的时间里，浩瀚的大海用博大的胸襟接纳着一批又一批强大的掠食者，它们来去匆匆，留下了难以历数的辉煌，也留下了无数遗憾。其中很多过客的身影，在大海的记忆中或许都已经模糊了，但是大海绝对不会忘记那群可怕的怪兽，那群从 9300 万年前一直延续到 6600 万年前、遍布世界各大海洋中的顶级掠食者，它们就是沧龙家族。

沧龙家族是一类外形如蛇般弯曲的水栖爬行动物。虽然它们的生存时间很短，出现于大约 9300 万年前的晚白垩世，消逝于 6600 万年前，前后大约只存在了不到 3000 万年的时间，但它们却是海洋中有史以来最为凶残的居民。

沧龙家族的出现让白垩纪的海洋不再平静，它们几乎将所有的动物都变成了自己的猎物，包括陆地上来饮水的恐龙，甚至是同家族的其他成员。

沧龙家族成员的身体堪称完美，在短短的几百万年的时间里，从小小的蜥蜴进化成可怕的怪兽，直到现在，都没有谁能打破它们的纪录，它们毫无疑问是海洋最完美的霸主。

不过，即便如此，沧龙科动物也在大约 6600 万年前全都消亡了。只是，它们的消失并不是由于自身对海洋环境的不适应，而是因为白垩纪末期那场可怕的生物大灭绝。世界的霸主，海洋中的沧龙、蛇颈龙，连同陆地上的恐龙，天空中的翼龙一起，全都消失于这场灾难之中，只给我们留下无尽的遗憾与传奇。

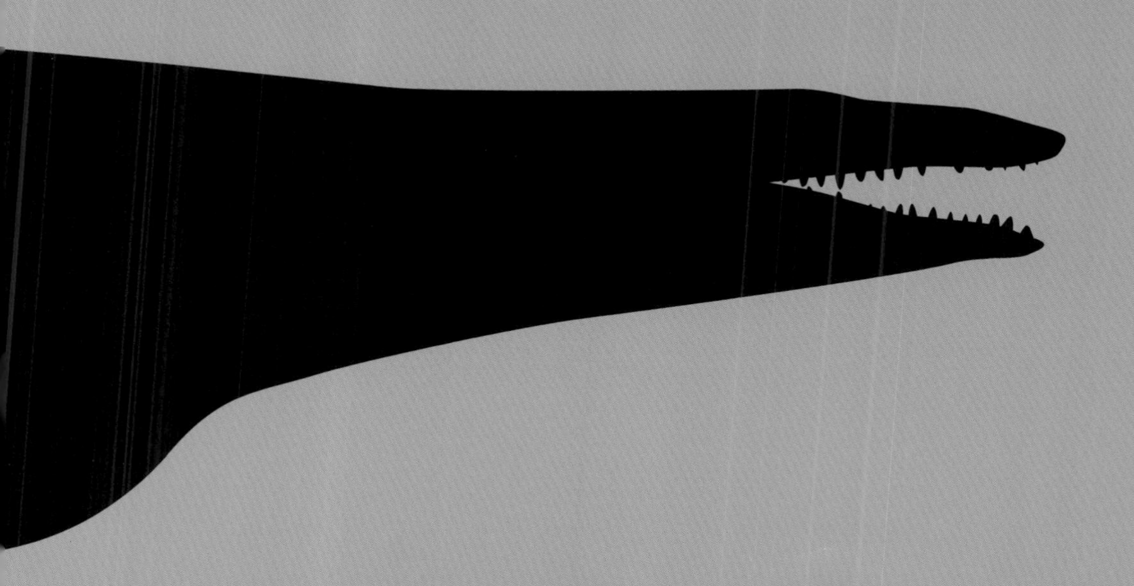

1.3亿年前
今天的英国

诞生于三叠纪的蛇颈龙家族有着强大的生命力，它们一步一步颠覆了鱼龙家族的统治地位，进入到白垩纪后，已然成为海洋中新的霸主。

1.3 亿年前，今天的英国。

长锁龙正在河水中努力地练习捕食技巧，这里是一处大型河口，顺流而下的鱼类并不少。可它还是有些紧张，它张开大嘴，露出锋利的

牙齿，四个鳍状肢有节奏地运动着，时刻为即将到来的捕猎做着准备。

长锁龙实在是太小了，体长只有 1.5 米，在家族中那些庞大的亲戚眼中，它简直就是个丑陋的怪物。它心里清楚这一点，于是它才离开亲戚们生活的广阔的海洋，在这里安了家。这里虽然不如原先生活的地方那样宽敞，风景也差了一些，可是没有那些嘲笑的目光，它便觉得这里是天堂。长锁龙每天都在努力地练习捕食，它想总有一天它会拥有超强的本领，到那时它就游到大海里，把那些亲戚们吓得目瞪口呆。

1.2亿年前
今天的澳大利亚

在复杂的生存环境中，某一个物种在某种情况下具备的优势，常常会在另外一种情境中变为劣势。如果不能清楚地认识到这点，恐怕时刻都会遇到生命危险。

1.2 亿年前，今天的澳大利亚。

轰龙被凶猛的克柔龙猎杀了。

轰龙只是想要抓点小鱼小虾填一填肚子，可没想到会碰到克柔龙。克柔龙有着粗短的脖子，能张得很大的嘴巴，锋利的牙齿以及瞬间的爆发力和速度，虽然它和轰龙是不折不扣的亲戚，都属于蛇颈龙家族，但是当食物成为生活第一需要时，情感便不再重要了。

于是，克柔龙锋利的牙齿轻易就将轰龙细长的脖子和小小的脑袋咬在了嘴里，这样的结构太适合它下口了，似乎天生就该被它猎捕。

而就在几天之前，轰龙捕食时，这条细长的脖子和小小的脑袋还为它起到了很好的隐蔽作用，让它在很远的地方成功捕到了猎物。那时候轰龙没想过这会成为它丧命的原因。

1.2亿年前
今天的德国

和蛇颈龙家族的境况正好相反，进入到白垩纪以后，鱼龙家族的衰败越发严重，存活下来的成员屈指可数。虽然它们还在竭尽全力挽救家族荣耀，可终究无法重振家族的辉煌。

1.2 亿年前，今天的德国。

这天的天气很好，海面上一丝风都没有，一群海龟刚刚产完卵准备回到海里。生活对这些海龟来说正悄然发生着改变，新的家族成员的加入让它们欣喜万分。可它们还不知道，自己精心选择的这个返回海里的日子，正暗流涌动。

海面下，扁鳍鱼龙带着自己的族群正在海洋中巡视，它看到了兴奋的海龟群，它没有犹豫，向家族成员发出信号。扁鳍鱼龙群迅速变换队形，将海龟包围其中，族群首领张开血盆大口准确地咬住了一只海龟的脖子，另一只扁鳍鱼龙配合地咬住了这只海龟的鳍状肢。

扁鳍鱼龙的身长大约 7 米，虽然在鱼龙家族的历史上只能算中等大小，但是它们完美的身型以及迅捷的行动能力，还是让它们在海洋中生存了大约 3500 万年。

扁鳍鱼龙无疑是鱼龙家族中海洋适应性的极致代表，但是它依旧无法挽救家族的命运。作为家族中的最后一批成员之一，它们不幸地见证了鱼龙家族的消亡。

以扁鳍鱼龙为代表的鱼龙家族消失后，海洋世界中出现了一段没有霸主的真空时间。这时候，沧龙科抓住机会一跃而起，接替鱼龙家族成为新的霸主。

1.1亿年前
今天的加拿大

1.1 亿年前，今天的加拿大。

夜深了，可慈母椎龙却不想睡。

喧闹了一天的海洋陷入了沉寂，没有嬉戏、没有吵闹、没有捕杀，只有无尽的孤独裹挟在水流中一点一点向外蔓延。

慈母椎龙扭动了下身体，好让腹中的两个小家伙舒服一点，它想它们怕是对外面的世界抱着无限的憧憬吧，否则它怎么能够感觉到那里每天涌出来的希望？可是，为什么那希望像流水一样，只是匆匆从它的身边流过，留给它的却是无尽的绝望？

慈母椎龙看看四周熟睡的同伴们，它们的身体是那样漂亮，有着鱼龙家族高贵的气质。它们是那样用力地生活，仿佛每一天都是生命的最后一天。

是啊，难道真的是最后一天了吗？慈母椎龙有些难过，家族曾经的辉煌已经荡然无存，海洋中再难觅昔日的同伴，它和为数不多的伙伴们一起，过着孤零零的生活。

好在，它还有两个孩子。

是呀，两个孩子。慈母椎龙有些羞愧，那未出世的孩子那样虚弱，却仍然对未来充满希望，而它应该放弃吗？不，它要再坚持一下，它想，就从今天晚上开始吧，它该睡个好觉，为了明天的生活。

1.1亿年前
今天的尼日尔

与慈母椎龙相比，帝王鳄的生活要简单许多，它所在的家族鳄类在白垩纪正值巅峰状态，哪怕是高调的蛇颈龙也对它们退避三舍。所以，在那些阳光明媚的日子里，它们什么都不用做，就只管享受水中生活好了。

1.1 亿年前，今天的尼日尔，帝王鳄无所事事地在水中游荡。

不远处是上龙家族的一个小不点在对付一群小鱼，帝王鳄围观了一会儿，便无趣地走开了。对于这样并不刺激的战斗，它似乎没什么兴趣。

也难怪，帝王鳄身长 11 米，背部有可怕的鳞甲，最长的达到了 1 米，它有超过 100 颗的巨大而锋利的牙齿，咬合力惊人，单凭这些，它就能轻松地对付一条和它同样大小的恐龙，它怎么能看上那些可怜的小鱼呢！

帝王鳄去别处游玩了一会儿，回来后发现上龙和小鱼之间的战斗还没结束。它叹了口气，决定给上龙上一堂捕食课程。它把身体完全浸在水中，只留下两只眼睛微微露出水面，然后耐心地等待着。

没过多久，水面上传来些动静，一只似鳄龙好像正要到这里喝点水。帝王鳄严肃起来，身体进入战斗状态。它等到似鳄龙稍稍俯下些身子时，便像火箭一样从水中窜出。它张开鳄鱼一样的嘴巴，朝似鳄龙抬起的后肢咬了下去，它的门牙锋利无比，眨眼之间就能将似鳄龙撕个粉碎。

伴随着惊恐的嚎叫声，一场真正的战斗开始了。不远处的上龙停了下来，回头张望。那群已经损兵折将的鱼儿，赶紧趁机逃走了。

1亿年前
今天的英国

纵然努力地生活着，可是令人悲伤的结局并没有改变。坚固泳龙目睹了末日的来临，可它并没有因为曾经的付出而后悔。它感谢整个鱼龙家族在生命舞台上的精彩演出，给了它一个可以完美谢幕的机会。

1 亿年前，今天的英国。

坚固泳龙努力向海面游着，它不是去追一条美味的小鱼，而只是想去看一看夜晚的星星。

它知道每到夜晚，天空都会举行盛大的舞会，那些穿着闪亮礼服的星星，会在舞池里跳上一支又一支动人的舞蹈。可是这些都只是听说的，它从来没有看到过。

过去的坚固泳龙太忙了，它忙着捕食，忙着为家族的荣耀战斗，它根本没有时间好好地看一看这个世界。而现在，它渐渐明白消亡是所有生命的终极命运，谁都逃不开。既然无法躲避，那就勇敢地面对吧！

坚固泳龙决定不再过从前那样忙碌的生活，它要好好地和这个世界谈一谈，星星、月亮、风、雨，和一切它之前不在意的东西谈一谈。它想，对于家族来说这未必不是一个好的结束方式，至少在谢幕时它是那样从容、柔软、美好、没有遗憾。

坚固泳龙是鱼龙家族的最后一批成员，它们生活至 9400 万年前，然后优雅地离开了这个世界，与它们一起离去的是在生命的长河中征战过 1.5 亿年的鱼龙家族。它们给生命的舞台带来了太多精彩的故事，它们的离去不应有太多的悲伤。短暂的沉寂后，便会有新的生命登场，继续书写海洋中的传奇。

9800万年前
今天的意大利

9800 万年前，今天的意大利。

午后的天气闷热极了，吞噬了一切东西的活力，风、树叶、砂石，全都一动不动地躺在那里。崖蜥被燥热包裹得像是住进了蒸笼里，它缓慢地向水流边靠近，终于将自己像蛇一般修长的身体浸泡在清澈的水中。水流也都无精打采着，慵懒地有一搭没一搭地晃动几下。崖蜥只好隔一段时间就摆动一下扁平的尾巴，好让清凉的水流抚过身体。

水中的生活对于崖蜥来说，只是这种闷热天气的消遣，它不知道将来它的后代会成为水中的霸主，它的四肢甚至还不能好好地游水。不过，崖蜥是一个简单的家伙，不愿意花时间考虑那么长远的事情，能开开心心地过好眼下的生活对它来说已经足够了。

崖蜥是一种奇特的两栖蜥蜴，它被认为是未来的海洋霸主——沧龙类的祖先。

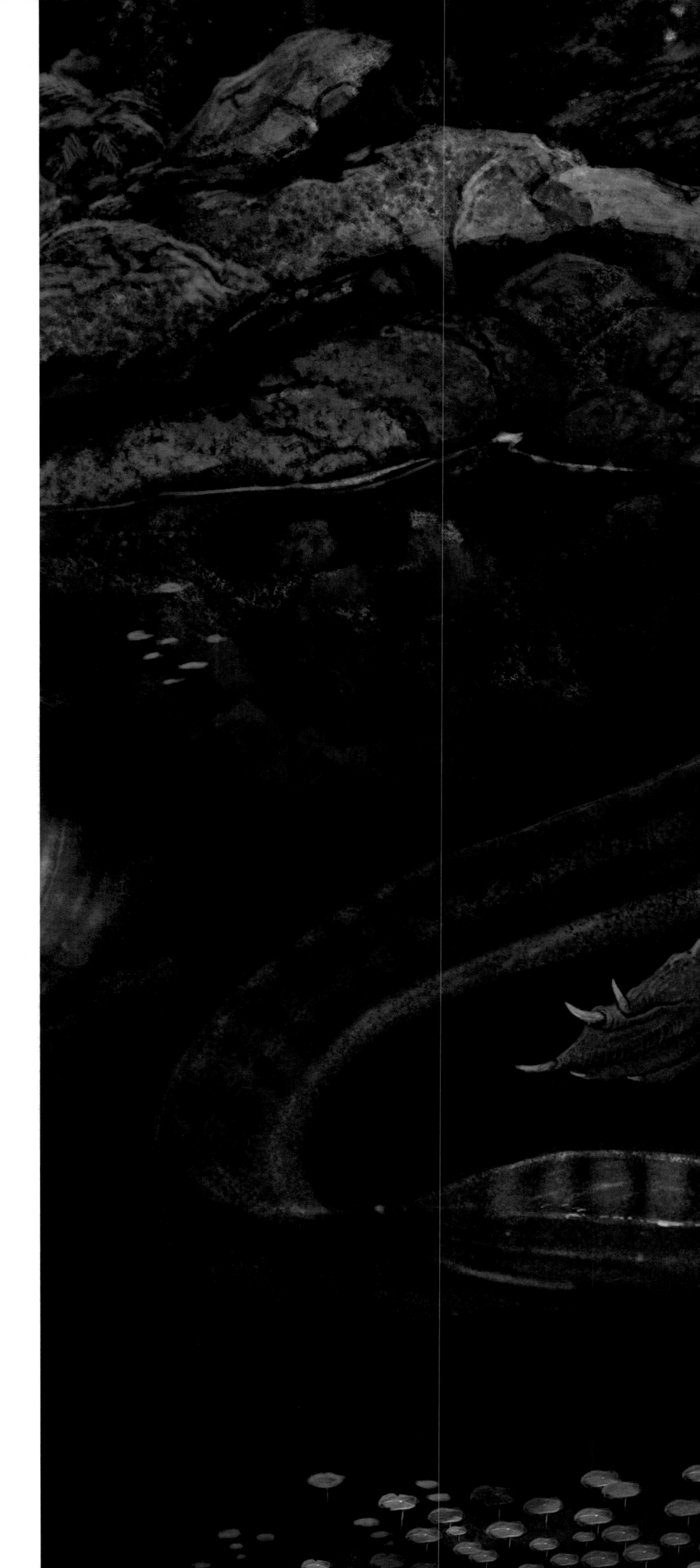

9300万年前
今天的安哥拉

在崖蜥迈入水中大约500万年后，真正的沧龙家族终于出现了。虽然它们像一个暂居海洋的外来客，带着海洋生活中并不常见的蛇一般的身体，可是依旧无法抹去它们身体内王的气质。

9300万年前，今天的安哥拉。

安哥拉龙是经历了很长一段路途后，才游到这里的。它停歇在一处泛着亮光的地方，四个小小的鳍状肢显得十分疲惫。它想好好地睡上一觉，这样长距离的奔波可真让它吃不消。可是看样子没有这么简单，居住在这里的居民可不想轻易让它达成愿望。它们第一次见到这样子的家伙，身体不像鱼，脖子不够长，大家围着它“叽叽”地叫个不停，说着它听不懂的话。安哥拉龙心想，这都是它的错，它应该先向这里的居民打个招呼的。想到这儿，它扭动着身子，跳起了舞蹈，这是它独特的交朋友的方式。安哥拉龙期待着大家和它一起跳起来，可没想到不仅没有谁加入，还引来了一阵哄笑声。

安哥拉龙既尴尬又伤心，它不知道自己是不是该停下来。它有点委屈地望着大家，可它们才不在乎这个小丑，它们笑够了，便一哄而散了。大海中又只剩下了像蛇一样的安哥拉龙，那些嘲笑它的家伙并不知道，它根本不是什么小丑，过不了多久它就要成为这片海洋最厉害的掠食者。

9300万年前
今天的美国

其实，安哥拉龙并不孤独，就在那时候北美洲的海域里，也生活着像它一样看起来有些“古怪”的家伙。

9300 万年前，今天的美国。

如果拉塞尔龙知道安哥拉龙的故事，一定会喋喋不休地告诉它：“你应该跟那帮家伙说一说，我们可不是好惹的。瞧瞧我们细长灵活的身体，短而有力的四肢，它们并不奇怪，这只是我们曾经在陆地上爬行的证明。陆地，哈哈，这群从来都没有见过陆地的家伙，它们怎么会知道那是一个多么宽广而神奇的世界。再让它们好好瞧瞧我们嘴里又长又锋利的牙齿，如果把我们惹怒了，我们会死死地咬住它们，再用那些尖牙刺入它们的身体。还有，你别打断我，我还没说完……”

是的，拉塞尔龙说的都是真的，虽然它有些啰嗦，有时候脾气也很大，可是它说的全是真的，刚刚诞生的沧龙家族就已经显示出了惊人的力量，这一点无论我们怎么惊讶都不会改变。

9300万年前
今天的摩洛哥

再让我们到欧洲去走走，那里在早白垩世也生活着沧龙家族的成员。瞧瞧，它们才初露端倪，就已经成为了全球分布的物种。

9300 万年前，今天的摩洛哥。

特提斯龙刚刚在陆地上产完卵，它扭动着像蜥蜴一样的身体，准备返回水中。它爬得很慢，这倒不是因为产卵的疲累，事实上它平时也是这样。因为除了产卵和休息，它的大部分时间都是在水中度过，所以陆上行走的能力已经渐渐退化了。

过了好一阵子，特提斯龙才返回水里，进入水中的它迅速换了副模样。它将四肢贴近身体，像海蛇一样灵活地游动起来，自由而畅快。看上去，这里才是真正属于它的世界。

9200 万年前
今天的美国

命运常常会因为一个选择而被彻底改变，就好比沧龙家族，它们的命运转折点就来自迈向海洋的那艰难的一步。

9200 万年前，今天的美国。

面积不断缩小的陆地环境和食物的匮乏，让达拉斯蜥蜴的生存越来越艰难。摆在它面前的只有两条路：要么屈服于现实，生活照旧，然后在心里祈祷死亡慢点来临；要么冒险选择一条完全陌生的道路——进入竞争不那么激烈的海洋，这条道路充满艰险，可一旦成功便将彻底改变命运。

达拉斯蜥蜴终日都在思考这个问题，在日渐扁下去的肚皮的激励下，它最终选择了那条充满挑战的道路。冒险需要勇气，幸运的是，它最终成功了。它像安哥拉龙、特提斯龙那样，成功地适应了水中的生活，而沧龙家族就是靠无数个达拉斯蜥蜴、安哥拉龙、特提斯蜥蜴的共同努力，最终征服了海洋。

单从体型上看，沧龙家族在诞生之初其实并不具备多少优势，但是它们很好地利用了大自然的馈赠。当时，极地的冰融化导致今天的南北美洲中部以及非洲西北部地区形成了许多新的内陆海，沧龙家族成员就抓住这样的时机进入了广阔而孤独的海域。在食物充裕又没有太多竞争者的优良条件下，它们迅速发展起来，迎来了诞生后的第一次高峰。

9200万年前
今天的美国

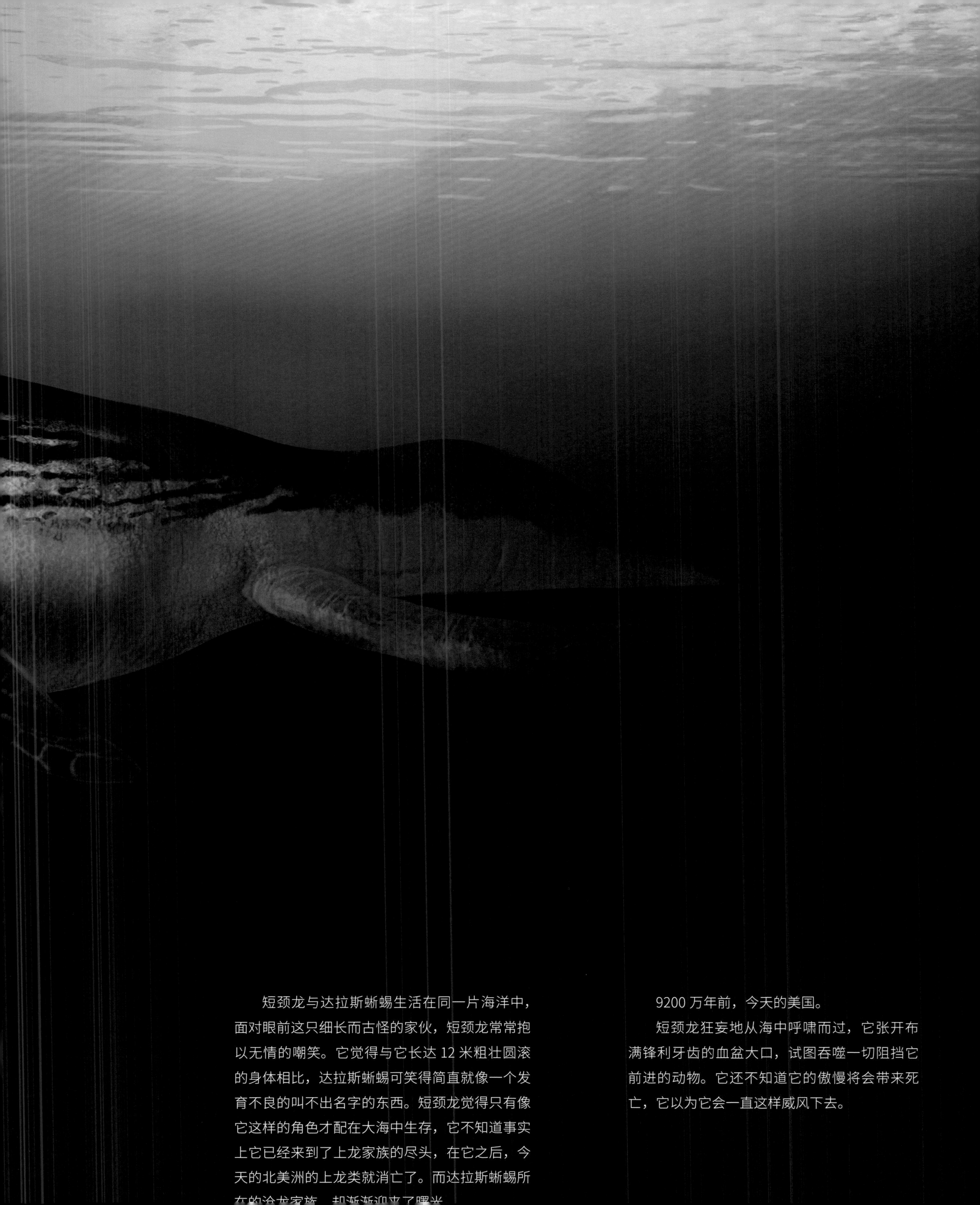

短颈龙与达拉斯蜥蜴生活在同一片海洋中，面对眼前这只细长而古怪的家伙，短颈龙常常抱以无情的嘲笑。它觉得与它长达 12 米粗壮圆滚的身体相比，达拉斯蜥蜴可笑得简直就像一个发育不良的叫不出名字的东西。短颈龙觉得只有像它这样的角色才配在大海中生存，它不知道事实上它已经来到了上龙家族的尽头，在它之后，今天的北美洲的上龙类就消亡了。而达拉斯蜥蜴所在的沧龙家族，却渐渐迎来了曙光。

9200 万年前，今天的美国。

短颈龙狂妄地从海中呼啸而过，它张开布满锋利牙齿的血盆大口，试图吞噬一切阻挡它前进的动物。它还不知道它的傲慢将会带来死亡，它以为它会一直这样威风下去。

9100 万年前
今天的美国

9100 万年前，今天的美国。

硬椎龙是个胆大过人的家伙，它原本应该生活在浅海，因为它的身体大约只有 3 米长，这么娇小的身子在竞争不激烈的浅海享受生活最合适不过了，可硬椎龙偏偏要到危险重重的深海去。它的四肢那么小，承担不了运动器官的功能，只能用来控制方向；它的身体也那么小，小小的肋骨撑起一个小小的腹部，根本装不下多少食物。可它不在乎，它知道自己有像子弹头一样的脑袋，能够带领它在大海中快速前进，它的视力好极了，能够快速地发现猎物和敌人，一旦发现它们，它就用长矛一样的下颌和锋利的牙齿将它们撕个粉碎。而最重要的是，它拥有很多家伙都没有的勇气和胆识，它们赋予它强大的力量，让它在危机重重的深海勇敢地生活。

8700万年前
今天的墨西哥

和硬椎龙正好相反，大个子叉齿龙可是个懒家伙，它甚至奢望一动不动就有猎物自己送上门来，为此，它想到一个好办法，栖居在没有竞争对手的浅海，这样一切都就解决了。可是，这真的可行吗？

8700万年前，今天的墨西哥。

叉齿龙与同伴在一片浅海悠闲地畅游，它们是这里的巨无霸，身体有9米之长。它们果真如愿以偿，只要停在那里，张开嘴巴，总有惊慌失措的猎物自动送上门。

叉齿龙与同伴过了很长时间这样的日子，它们的身体因缺乏运动日渐肥胖。不过它们并不在乎，只是安逸地享受着这不费力气便能得来的一切。

可是好景不长，这世界上并非只有叉齿龙有这样的想法。越来越多的大个子听说了叉齿龙的生活，蜂拥而至，这片原本安逸的浅海变得越来越拥挤，竞争也越来越激烈。即便身长9米，叉齿龙还是会常常遇到更加强大的对手的袭击，而它肥胖的身体此时像是成了摆设，毫无招架之力。

8500 万年前 今天的美国

在捕食的战斗中，有时候数量决定不了一切，策略、技能和所使用的“工具”才是决定战斗结果最关键的因素，这似乎是蛇颈龙家族在战斗中常常致胜的原因之一。

8500 万年前，今天的美国。

薄片龙带领家族成员冲向海洋中的鱼群，它们超长的脖子像箭一般插了进去，被惊扰的鱼群迅速在水中形成了一个旋涡，试图扰乱敌人的进攻计划，不过似乎并不奏效。

虽然和鱼群的数量相比，薄片龙家族并不占优势，但是以少胜多的结局却已成定局。

8500 万年前
今天的美国

生命的舞台就是这样，没有谁会是永远的主角。在与古老的鱼龙的较量中胜出的蛇颈龙家族，还没有好好享受一下作为统治者带来的福利，就遭遇了横空出世的沧龙家族。原本傲慢的蛇颈龙不得不重新打起十二分精神投入这场战斗。战斗打得异常艰难，一不小心，就会从高高在上的宝座中跌下来，落入万丈深渊。

8500 万年前，今天的美国。

神河龙完全没想到自己的生活会变得如此艰难，它身体长达 11 米，在蛇颈龙家族中并不算小，可是不知道什么时候它却成为了这片海洋中的弱者。四周的海水依旧如它刚到这里时那样，只是多了雄心勃勃的闯入者。

神河龙曾经试图要战斗，可是身上不断累积的伤痕告诉它，死神正离它越来越近。它只好作罢，开始学习忍让，过低调的生活。这使它躲过了很多危险，它很高兴。

可是命运偏偏与它作对，那天早晨，它遇到了沧龙家族的厉害角色——海王龙。那是一个闯入者，它散发出的浓稠的血腥气息让神河龙不寒而栗。

几乎没有犹豫，海龙王便张开血盆大口直奔神河龙而来，神河龙恐惧地打了一个激灵，以最快的速度下潜，与海王龙擦身而过！

逃过这一劫的神河龙以最快的速度向前游去，它不确定海王龙是不是会放弃，更不确定幸运之神是否还会再次垂青于它。

Zhao chuang

8500万年前
今天的美国

沧龙家族中虽然有一些庞大的个体，但是它们最初的崛起靠得并不是体型。想要获得声望，没有一些独到的东西是不行的，就比如长鼻蜥龙，它是靠脑袋而闻名天下的。

8500 万年前，今天的美国。

明亮的光束穿透清澈的海面，照在长鼻蜥龙的身上，它背部的花纹发出了柔和的亮光，与四周的海底融为一体。它的脑袋骄傲地抬着，躲进另一束光线的怀抱中。

长鼻蜥龙最标致性的特点就是它又长又尖的脑袋，特别是它的口鼻部，更是狭窄尖长，这和所有的沧龙家族成员都不一样。生活在这里的居民，只要远远地看到那个脑袋在移动，总要迅速躲起来。现在，因为阳光的照耀，它变得更加显眼而特别了。

不过，你可别担心长鼻蜥龙因为脑袋暴露了行踪而捕不到食物，因为它的脑袋里有很多孔洞，减轻了它头部的重量，再加上身体异常灵活，它在水中的行进速度非常快，所以即便是那些早早地就打算藏起来的家伙，最终也没有几个能逃出它的嘴巴。

8500 万年前
今天的加拿大

欲望总是会摧毁一切，平静的生活、快乐的心情，还有你能想到的其他那些美好的东西。好在库里斯齿龙没有这样的烦恼，虽然出生于名门望族，可它的生活再简单不过了。

8500 万年前，今天的加拿大。

一天的生活要开始了，库里斯齿龙伸了伸懒腰，露出了一个迷人的微笑。对于它来说，这一天是从一顿简单的早饭开始的，几条小鱼再加上几只小虾就足够了。库里斯齿龙可是威风凛凛的沧龙家族成员，虽然不算太大，可 4 米的身长也不至于只能对付小鱼和小虾。但是它觉得吃什么对它来说并不重要，只要填饱肚子就可以了。它还要留出好多时间来做些有意思的事情，比如来一段长距离的旅行，或者花一天时间观察珊瑚的生活。或许对于别人来说这简直是疯子才会做的事情，可是对库里斯齿龙来说，这简直再美好不过了，只有这些才能给它带来平静和快乐。

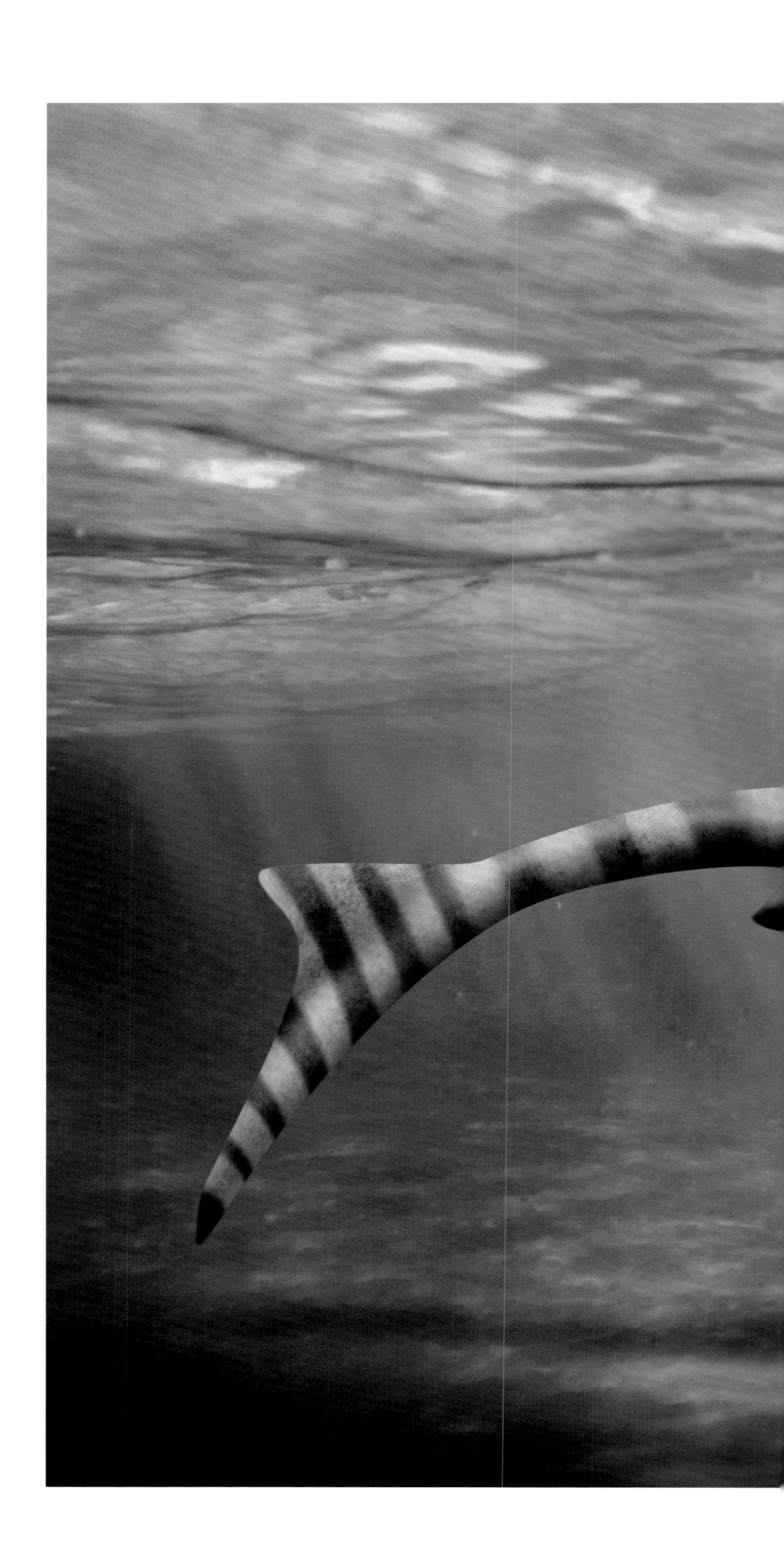

8500 万年前
今天的美国

随着上龙类的消亡，曾经强大的蛇颈龙家族也不得不面临已经降临的衰落。不过它们并没有放弃希望，而是勇敢地做出了改变。它们中的一支舍弃了同伴拥有的长脖子，改变了修长的身材，只为了在水中的行动能够更加迅速。它们是蛇颈龙亚目的双臼椎龙科，虽然只生活了短短的 300 万年，可是因为这样的改变，它们的足迹遍布世界各大洋。

8500 万年前，今天的美国。

双臼椎龙正在海里卖力地追捕一只菊石，食物虽然不大，可是它不想放弃任何一个机会，哪怕它现在还孕育着宝宝，也不肯偷懒。这是它一贯的生活态度，认真、努力地对待生活中的每一件小事。

8300万年前
今天的美国

最初的沧龙家族大都集中出现在北美洲的浅海地带，虽然家族势力在不断扩张，可它们仍旧延续着祖先的生活习性，没有突破性的发展。但是从大约 8350 万年前开始，沧龙家族迎来了第二次快速发展期，它们从浅海迈向深海，从今天的北美洲拓展至欧洲、非洲、大洋洲、南极洲等地，出现了许多体型异常庞大的个体，真正迎来了家族的全盛时期。

8300 万年前，今天的美国。

家族的兴盛带来的不仅是荣耀，也有烦恼，比如海诺龙就觉得自己身边忽然出现了数量众多、体型庞大、凶猛异常的家伙，以致它生存的压力明显大了许多。

为了在激烈的竞争中顺利地生存下去，海诺龙不得不开始全面加强自己的能力，包括体型、泳技等，还要培养不挑食的习惯。你可别小瞧最后一点，在这样复杂的环境中，能成为一个从不为食物发愁的“大胃王”，是生存下去的最基本的条件。

8300 万年前
今天的俄罗斯

8300 万年前，今天的俄罗斯。

阳光把海水打扮成一个富丽堂皇的宫殿，宫殿华美动人，就连天花板都流露着 18 世纪欧洲皇宫的贵族般气质。道罗龙正在这宫殿中畅游，它看上去有些紧张，游不了几步，便要回头张望。

道罗龙肯定不是在观察敌人或者猎物，身长大约 10 米的它毫无疑问是海中的强者，从不会为了战斗或者捕食而紧张。

那么，它究竟是在担心什么？别急，只要顺着它的眼神望去就知道了。在它的身后，是一条雌性道罗龙，它看起来漂亮极了，像王室的公主，高贵而优雅。这下你明白了吧，道罗龙的心正为了那美人而蠢蠢欲动。

道罗龙是沧龙家族成员，能够让在大海中所向披靡的它们紧张不安的事情，恐怕也只有爱情了吧！

8300 万年前
今天的美国

世界上最愚蠢的事情恐怕就是让自己变得和别人一样，关于这一点，塞尔马龙再明白不过了，否则它的一生该有多么灰暗啊！

8300 万年前，今天的美国。

塞尔马龙从出生以来就待在这片并不宽敞的浅海，它当然也想去远方看看，扑入广袤的大海的怀抱，然后狠狠地亲吻那些桀骜不驯的巨浪，可是它没办法离开这里。因为它和所有的沧龙家族成员都不一样，在它的上下颌之间缺少一个可以让它的嘴巴张得更大的关节，没有这个关节，它就不能像其他的亲戚那样吃掉大型的猎物。要是把它放在深海，它恐怕会被活活饿死。所以，它只能待在浅海，吃些小鱼小虾。

可是塞尔马龙从来没有因为这个感到伤心或者自卑，它并不认为这是自己的缺陷，相反，它觉得这才是它与众不同、可以被称为塞尔马龙的地方。正因为有这张小小的嘴巴，它可以安静地在这片竞争并不激烈的地方生活，它可以很容易就填饱肚子，从来都不为生计而发愁，它有大把的时间可以围绕着海底那些漂亮的树木嬉戏，而这些是其他的沧龙家族成员永远都感受不到的。

8000万年前
今天的美国

8000 万年前，今天的美国。

夕阳将最后一抹余晖洒向海面以后，扁掌龙突然发现整片海都变成了金色。它每天都会等待夕阳的到来，可是却从没有一天像今天这样漂亮。它兴奋极了，摆动尾巴，让自己紧紧地包裹在这金色中，它感到温暖、安宁。

扁掌龙总是这样感性，一点点美景就会让它感动到快要落泪。它不像其他的沧龙需要花大把的时间才能填饱肚子，它非常聪明，捕食并不需要费太多力气。所以它有时间等待夕阳，等待被夕阳照耀的大海。

扁掌龙出现的时间并不早，但是诞生没多久就迅速成为沧龙家族举足轻重的成员，这不得不让我们对它刮目相看。

扁掌龙之所以能成为后起之秀，最重要的是因为它们的智慧。科学家扫描它们的颅腔发现，它们的脑容量很大，堪称沧龙家族最智慧的成员。它们凭借聪明才智打败了很多敌人，成为当时大名鼎鼎的海洋霸主。

7500万年前
今天的荷兰

沧龙家族的发展并不是一帆风顺的，由于气温降低，导致两极出现冰川，进而海平面下降，一些浅海地区变为陆地，这让一部分沧龙失去了生存环境。但是它们并没有因此消沉下去，而是更加积极地面对着有些艰难的生活。终于，到了大约 7500 万年前，沧龙家族再次迎来了第三次发展的高峰期，众多新成员相继出现，它们全都信心满满，企图以征服海洋的气势与时间抗衡。

7500 万年前，今天的荷兰。

作为生活在沧龙家族第三次高峰期的龙骨齿龙，看上去没有一点儿王者之风。它娇小玲珑，体长只有 3 米，大概是家族中最小的成员之一。它从来不参加任何战斗，只喜欢在浅浅的海底四处游玩。不过，你要是因此而小瞧它的话，它准会生气地跟你讲道理：“我善于游泳，能轻松地对付小海胆、小贝壳。”

龙骨齿龙说得没错，只有占据食物链的每一段，才能称得上是霸主，而它就负责占据靠下的那一段。

7500 万年前
今天的美国

成功的经验可以借鉴，但成功的道路是不能复制的，球齿龙深谙这个道理。它没有选择以体型作为筹码，也没有以身体结构制胜，它走了一条非同寻常的道路——以食物取胜。成年的球齿龙不再喜欢快速游动的鱼，转而喜欢上了甲壳类、菊石或是龙虾等这些行动缓慢的家伙，这样另类的食物喜好让它们少了很多竞争者。所以，虽然它们因为猎物行动缓慢而导致自己成不了游泳健将，但同时，这样的食物结构又自动为它们屏蔽了很多竞争者，最终让它们的家族在很短的时间内就繁盛了起来。

7500 万年前，今天的美国。

两只胖墩墩的球齿龙正兴高采烈地追逐两只小小的菊石。它们特化的牙齿就像一个个的小圆球，用来压碎猎物坚硬的壳再合适不过了。

7500万年前
今天的英国

与球齿龙一样以牙齿而闻名的沧龙家族成员还有平齿龙，不过，它的牙齿并不像小球，而是拥有另外一个特点——可以替换。

在平齿龙的世界里，完全不需要牙医这种职业。当它们的牙齿在打斗或者掠食中折断或掉落时，并不需要牙医来救治，新的牙齿会自动生长起来，填补空缺。如此先进的功能并不是只有平齿龙拥有，比如今天的鲨鱼也有类似的换牙过程。

7500万年前，今天的英国。

体长10米的巨大的平齿龙为了争夺一只猎物与同伴扭打在一起，它的同伴同样拥有巨型身材，它们互不相让，分别咬住了对方的脖子。鲜血顿时将海水染成了红色，可平齿龙和同伴都不打算放弃，它们竭尽全力想用锋利的牙齿更深地刺入对方的身体，它们可不在乎这么大的力道会把牙齿崩断，因为新的牙齿很快就会来替代坏掉的旧牙。

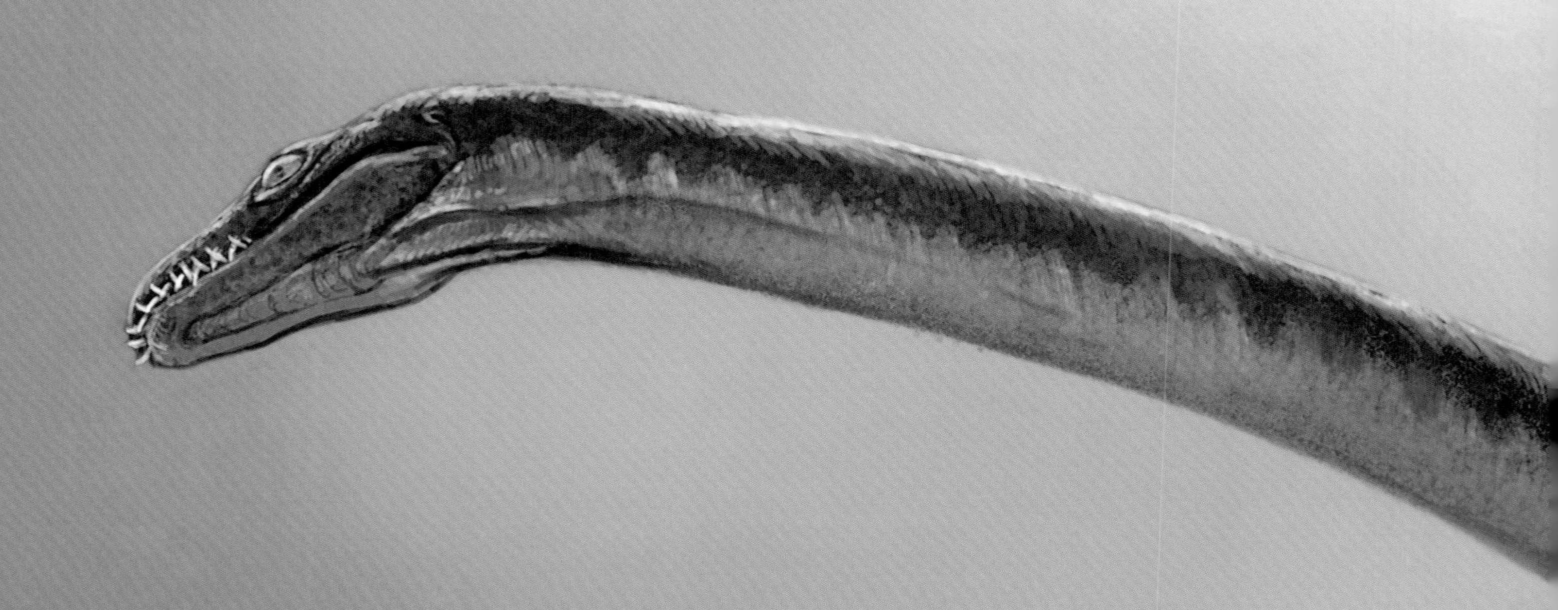

7200 万年前
今天的美国

虽然不再像从前那般繁盛，可是蛇颈龙家族成员并没有放弃。在白垩纪晚期，它们中出现了身长 25 米的巨型个体，它们就像巨大的潜水艇一样在海中巡游，时刻标榜着自己的力量。

7200 万年前，今天的美国。

天还早，太阳尚未升起，海水没有被照亮，还是一片睡梦般的灰白色。可是白垩龙已经出发了，它像往常一样在广袤的大海中一边畅游一边寻找合适的猎物。

它的身体太大了，每游动一下，都会制造出巨大的声响，那些原本睡意蒙眬能够被轻松猎捕的家伙，全都因为这声响逃之夭夭了。

可是白垩龙并没有气馁，它知道等到天亮后，海洋重新变得热闹而拥挤起来，它的猎物们就无处可逃，那时候它想吃多少就吃多少，而现在，它只要趁着大家还在沉睡，选一个好位置，耐心地等待就好了。

7000万年前
今天的尼日利亚

想要找到猎物有很多种方法，最常见的就是用眼睛搜寻，或者用嗅觉寻找，比较奇特的一点是用守株待兔式的伏击方法，或者用声东击西的方法等。当然，不管用什么方法，只要能抓到猎物，就是聪明的猎手。

接下来我们要说的猎手——哥隆约龙，就是一位聪明的猎手。它的眼睛很小，视力不好，所以它从不用眼睛寻找猎物，而是凭借触觉寻找。

触觉？

你听得没错，它就是使用这种神奇的方法，通过高度敏感的吻部，在浑浊的环境中搜寻猎物，并且成功率相当高。

7000 万年前，今天的尼日利亚。

哥隆约龙正躲在暗中，等待猎物靠近。它完全不需要用眼睛去判断，只要凭借非凡的感知能力就知道猎物是不是正在向它游来。它从不挑食，不放过任何一种猎物，哪怕是同一家族的沧龙成员。

7000 万年前 今天的美国

海平面下降导致许多内陆海变成陆地的阴霾很快就消散了，沧龙家族成员找到了更加适合生存的地方——深海，这里海水宽广，食物丰盈，让它们对生活的希望变得更加浓厚，每一个成员都觉得日子会越来越好。

不光沧龙家族，就连蛇颈龙家族也这样认为。这时候，蛇颈龙家族中的薄片龙科等为数不多的成员开始重新活跃起来，它们个个体型庞大，攻击力十足，常常可以与凶猛的沧龙来一场真正的战斗。

它们没有谁认为美好的日子会这样戛然而止，于是它们全都这样肆意地生活着。

7000 万年前，今天的美国。

体长 10 米的近瘤龙信心满满地地等待着自己的对手到来，不论是蛇颈龙家族的海泡龙、费雷斯诺龙、水怪龙，或者它们沧龙家族的浮龙，它都不在意，它只想用自己的实力告诉它们，这片海洋现在归它管理。

7000万年前
今天的美国

可浮龙才不会害怕近瘤龙，它有着 13 米的身长，不过它从不想拿这个来炫耀。它想说的是，它是个完美的游泳健将。瞧瞧，它的身体就像一条大鱼，是适合在海洋中生活的最完美的外形；它有一条类似鱼类的半月形尾巴，这样的结构可以为它提供强大的动力；它的鳞片与鲨鱼的盾鳞类似，可以有效地抵消海水的阻力；它具有非常敏锐的视力，可以在黑暗的海洋中看清周围的一切……怎么样，难道这些还不足以打败近瘤龙？

7000 万年前，今天的美国。

浮龙傲慢地从海水中穿过，它就像一条超大的鱼，周身散发出王者般的气质。浮龙几乎代表了陆生生物进入海洋后最极致的演化方向，如果不是那场灾难的到来，它或许会在亿万年后真的演化成鱼类的外形，与今天的鱼一起在大海中畅游。

可是，世界上没有如果。那场灾难毫无征兆地发生了，发生在沧龙、蛇颈龙以及其他海洋生物家族对未来充满无限希望的时候。

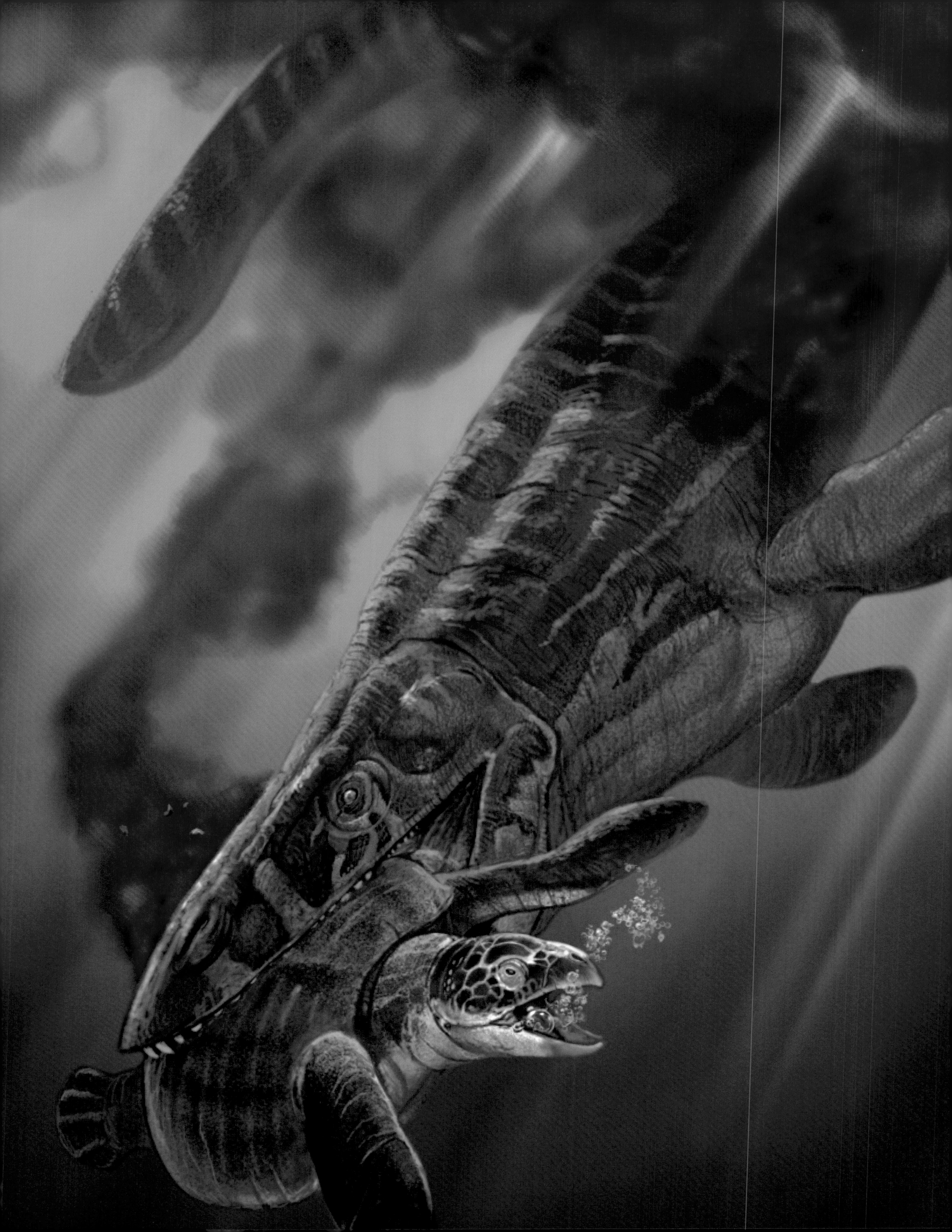

6600万年前
今天的荷兰

无论其他的生命怎样炫耀，沧龙家族，乃至整个海洋的荣耀最终都将属于接下来要出场的它。

它是海洋中最强大的生命，以无与伦比的力量与智慧快速征服了大海，它创造的奇迹至今无可匹敌。

它就是沧龙家族的终结者——沧龙。

6600 万年前，今天的荷兰。

15 米长的沧龙袭击了一只 2 米长的古海龟，沧龙强壮的牙齿轻而易举地咬碎了古海龟的原始背甲，直刺内脏，海水被搅得一片浑浊。在沧龙口部深处的上颌里，另一排牙齿正在扯碎古海龟的皮肉，一切如此迅速，古海龟甚至还未完全感到疼痛，就已经支离破碎了。

5000 万年前
今天的巴基斯坦

沧龙家族毫无疑问地让海洋迎来了生命的巅峰，它们是海洋中的传奇，传奇到大家还来不及注意它们，它们就已经登上了食物链的最顶端。没有谁知道它们曾经有过什么样的梦想，也没有谁知道它们是如何小心翼翼地呵护着自己的梦想，一步一步走到了今天。它们只知道好像就在某一天早晨，海洋里突然来了巨大的怪兽，这些怪兽从此开始主宰着整个海洋，演绎出无数辉煌的篇章。

然而，生活并没有对沧龙家族表现出特别的眷顾。死亡，这个谁都逃不掉的终极命运也很快就降临在它们头上。

就在它们最辉煌的时候，灾难毫无征兆地来了。一场来自 6600 万年前的大灭绝摧毁了一切。沧龙家族连同其他大部分海生爬行动物，都从海洋中消失了。

它们的离去没有太多伤感的色彩，因为直到离开时，它们都是海洋中最出色的遨游者。

在它们离开后，大海并没有像 5 亿年前等待盛宴时那样孤独，因为没过多久，一群新的生命便效仿前辈从陆地走向了海洋。它们就是鲸鱼——海洋中出现的最早的哺乳动物。

5000 万年前，今天的巴基斯坦。

一只走鲸正用好奇的目光望着不远处的大海。

它并不知道此时体长不到 3 米、多数时间都用来在岸上行走的它，将带领鲸类家族在短短的 2000 万年的时间里，演化成一群比沧龙更令大海震惊的生命。

3500 万年前
今天的美国

3500 万年前，今天的美国。

大海敞开怀抱拥抱着向它跑来的阳光，它懒懒地舒展着自己的身体，好让阳光带来的那股温暖的劲儿舒舒服服地停留在它的每一个角落。它是该好好歇歇了，日夜奔腾了数十亿年，迎来送走了无数生命，为无数次分别而流过的泪水足以引起海平面的剧烈上升。不过现在好了，虽然凶猛的沧龙离去了，可它又迎来了毫不逊色的鲸类。不久前还在岸上散步的走鲸一定想不到，它们鲸类家族能这么快就适应海洋生活，完全脱离陆地。这

一点，大海也没想到。它原本已经做好了要孤独一阵子的准备，可是现在看来根本不需要了，热闹的生活已经开始了。

你瞧那只憨憨的轭根鲸，虽然体型不大，只有 6 米，可是有趣极了。它划动着鳍在大海里左顾右盼，那小小的可笑的后肢像是两个“痒痒挠”，把大海弄得咯咯直笑。

大海喜欢这样的生活，新的居民就应该带来些新的气象，虽然它知道终究还是会有血腥的竞争、生死存亡的战斗在这里上演，可是在阳光极好的时候，总还是要有些恬淡的生活的。它想说生活在它这里的所有的家伙都应该好好享受这份宁静，因为这会给它们带来足够的时间，让它们好好想想自己应该过什么样的生活，应该创造什么样的世界。

曾经，这里有无数个世界崛起而又衰落。

现在，大海期待着新的主人——鲸类，为它创造神奇。

水怪时代大事记

纷乱的三叠纪

2.5 亿年前，一场全球性的生物大灭绝，让海洋中大量无脊椎动物以及陆地上超过 70% 的爬行动物消亡了。浩瀚的海洋出现了暂时的寂静，幸存下来的爬行动物抓住这一时机，准备重返海洋，以获取更广阔的生存空间和更丰裕的食物。

2.5 亿年前，湖北鳄出现在海洋中，它被认为是最早的水栖爬行动物之一。

2.45 亿年前，娇小的巢湖鱼龙出乎意料地将步伐迈向了变幻莫测的大海。此时谁都不知道，这一小步改变的将是整个海洋的格局——辉煌的鱼龙目家族就此诞生。

2.44 亿年前，大海迎来了体型巨大的霸王鱼龙。这一巨无霸的出现，不仅证明鱼龙目在很短的时间内便得到飞速发展，更显示出大海生命复苏的迹象，更多种类丰富的生命将登上历史的舞台。

2.42 亿年前，诞生于早三叠世的鱼龙家族在中三叠世迎来了第一个大爆发时期，魅影鱼龙就是在这个时候出现的。

2.4 亿年前，黔鳄的诞生代表了一种奇特的海生爬行动物——海生初龙类的出现，这是一种比较罕见的群体，它们的家族并不繁盛。

2.4 亿年前，幻龙的出现丰富了海洋的生命世界。这一类似于现代海豹的动物是幻龙目的创立者之一，它们的脚掌已演化成桨状，帮助它们在水中前进。

2.4 亿年前，安顺龙降生，这是向往大海的另外一群生命——海龙类。它们的身形类似蜥蜴，有侧向扁平的尾巴，给它们提供游泳的动力。

2.4 亿年前，身体扁宽、长有背甲的雕甲龟龙让水栖爬行动物的种类更加多样起来，它们代表了一种非常奇特的类群——楯齿龙类，这是一群一部分长得很像乌龟，一部分长得像粗壮的蜥蜴的动物。

2.32 亿年前，早在二叠纪就已经诞生的原龙类，有一小部分在三叠纪时选择了在海洋中生活，比如长颈龙科。它们是海洋中的异类，拥有超长的脖子，因为体型巨大，并不会成为当时繁盛的鱼龙类的食物。

2.3 亿年前，与幻龙家族有着密切亲缘关系的肿肋龙家族开始与它们一起分享大海，这群刚刚诞生的动物还不能很好地适应海洋的生活，它们正谦虚地在近岸的浅海区学习生活的技能。

2.25 亿年前，很早就开始进行生存空间扩张运动的鱼龙目取得了不错的战绩，此时出现的萨斯特鱼龙已将生存地点遍布全球的海洋。

2.2 亿年前，加利福尼亚鱼龙的出现为鱼龙家族带来了前所未有的冲击，它一改鱼龙家族往日像粗壮的蜥蜴一样的体型，变得更加接近就有完美流线型的鱼类。这一变化，将对鱼龙家族的生存产生至关重要的作用。

2.1 亿年前，在经历了爆发式的增长，达到辐射发展的顶峰后，水栖爬行动物忽然在晚三叠世再次遭遇衰落。除了鱼龙家族以及从幻龙家族进化而来的蛇颈龙家族跨越了三叠纪，一直繁衍生息到白垩纪外，其余的类群终究没能逃脱败落的命运。

寂静的侏罗纪

1.98 亿年前，像极了海豚的离片齿龙向海洋中的其他生命展示着自己完美的流线型身体。鱼龙家族完全摆脱刚诞生时的原始形态是它们完全适应海洋生活的重要转折点。

1.83 亿年前，由幻龙类演化而来的蛇颈龙目开始崛起，它们与鱼龙目共同分享着广阔的大海。

1.7 亿年前，和大多数生活在海洋中的蛇颈龙类亲戚不同，渝州上龙选择了淡水湖泊。全新的生存环境必定带来更多的机会与挑战。

1.67 亿年前，一群高效的掠食者——海生鳄类开始想要同鱼龙和蛇颈龙两大家族掌控的大海中分一杯羹，这种曾经是完全的陆生动物，因为大规模的海侵，导致陆地范围缩小，不得不开拓新的生存领域的动物，有着更加强烈的生存欲望。

1.6 亿年前，晚于鱼龙家族出现的蛇颈龙家族，在出现不久就表现出了明显的优势，它们不仅快速辐射到了全世界的水域中，而且体型增长迅速，似乎一夜之间就诞生了众多大型物种，海洋里到处充斥着这种庞大凶猛的怪兽。

1.5 亿年前，鱼龙家族遭遇了强劲的对手——蛇颈龙家族的一支上龙类，开始表现出衰落的迹象。虽然它们中的几支将生存地点拓展到了今天的南美洲，但是到晚侏罗世，整个家族活跃在大海中的数量已经屈指可数了。

1.45 亿年前，在鱼龙和蛇颈龙两大家族热衷于争夺胜负的时候，海鳄类已经抓住时机悄然壮大，它们在短时间内就完全适应了海中的生活，成为全球分布的物种，凭借自身的优势站在了海洋中顶级掠食者的队伍中。

汹涌的白垩纪

1.3 亿年前，进入到白垩纪之后，鱼龙家族所剩不多的成员已经无法在海洋中掀起巨浪，而诞生于三叠纪的蛇颈龙家族却表现出更加强劲的生命力。最终，强大的蛇颈龙家族将成功地取代鱼龙家族，成为海洋的霸主。

1.2 亿年前，扁鳍鱼龙无疑是鱼龙家族中海洋适应性的极致代表，但是它们依旧无法挽救家族的命运。作为家族中的最后一批成员之一，它们不幸地见证了鱼龙家族的消亡。

1.1 亿年前，海鳄类登上了生命的巅峰，它们凶猛至极，即便是威风凛凛的蛇颈龙类也都对它们退避三舍。

9300 万年前，第一只沧龙类成员安哥拉龙诞生，它的降临预示着海洋的格局将面临重大调整。

9200 万年前，诞生不久的沧龙类表现出了惊人的力量，在很短的时间内它们不但在身体结构上发生了重大变化，而且迅速扩大了生存范围。在竞争较少而食物充裕的环境中，它们快速迎来了第一次发展高峰，为迈向海洋统治者的宝座打下了坚实的基础。

8500 万年前，在与古老的鱼龙的较量中胜出的蛇颈龙家族，却在与沧龙类的争斗中遭遇了滑铁卢。

8350 万年前，沧龙家族迎来了第二次快速发展期，它们从浅海迈向深海，从今天的北美洲拓展至欧洲、非洲、大洋洲、南极洲等地，出现了许多体型异常庞大的个体，真正迎来了家族的全盛时期。

7500 万年前，随着众多新成员的出现，沧龙家族一扫过去因为海平面下降，导致一部分沧龙丧失生活环境的阴霾，迎来了第三次发展高峰期。

7000 万年前，蛇颈龙科经历了短暂的崛起，家族中的薄片龙科等为数不多的成员开始重新活跃起来。

6600 万年前，海洋中最强大的生命沧龙诞生，它以无与伦比的力量与智慧快速征服了大海，它创造的奇迹至今无可匹敌。

6600 万年前，地球再次遭遇大灭绝。辉煌的沧龙家族和期待重新崛起的蛇颈龙家族未能幸免于难，在灾难中消亡了，只留下曾经流传的故事与传奇陪伴着后来的生命，重新繁盛于海洋。

参考文献

1. Piñeiro, G.; Ramos, A.; Goso, C.; Scarabino, F.; Laurin, M. (2012). "Unusual environmental conditions preserve a Permian mesosaur-bearing Konservat-Lagerstätte from Uruguay". *Acta Palaeontologica Polonica.*

2. Canoville, Aurore; Michel Laurin (2010). "Evolution of humeral microanatomy and lifestyle in amniotes, and some comments on paleobiological inferences". *Biological Journal of the Linnean Society.*

3. Modesto, S.P. (2010). "The postcranial skeleton of the aquatic parareptile Mesosaurus tenuidens from the Gondwanan Permian". *Journal of Vertebrate Paleontology.*

4. Xiaohong Chen, P. Martin Sander, Long Cheng and Xiaofeng Wang (2013). "A New Triassic Primitive Ichthyosaur from Yuanan, South China". *Acta Geologica Sinica (English Edition)* .

5. Young, C.C.; Dong, Z. (1972). "[On the Triassic aquatic reptiles of China]". *Memoires of the Nanjing Institute of Geology and Paleontology.*

6. Liezhu, Chen (1985). "[Ichthyosaurs from the lower Triassic of Chao County]". *Anhui Regional Geology of China.*

7. Mazin, J.-M.; Suteethorn, V.; Buffetaut, E.; Jaeger, J.-J.; Helmckeingavat, R. (1991). "Preliminary description of *Thaisaurus chonglakmanii* n. g., n. sp., a new ichthyopterygian (Reptilia) from the Early Triassic of Thailand". *Comptes Rendus de l'Académie des Sciences.*

8. Motani, R.; You, H. (1998). "The forefin of *Chensaurus chaoxianensis* (Ichthyosauria) shows delayed mesopodial ossification". *Journal of Paleontology.*

9. Motani, R.; You, H. (1998). "Taxonomy and limb ontogeny of *Chaohusaurus geishanensis* (Ichthyosauria), with a note on the allometric equation". *Journal of Vertebrate Paleontology.*

10. Maisch, M.W. (2001). "Observations on Triassic ichthyosaurs. Part VII. New data on the osteology of *Chaohusaurus geishanensis* YOUNG & DONG, 1972 from the Lower Triassic of Anhui (China)". *Neues Jahrbuch für Geologie und Paläontologie, Abhandlungen.*

11. Ryosuke Motani, Da-yong Jiang, Andrea Tintori, Olivier Rieppel, Guan-bao Chen (2014). "Terrestrial Origin of Viviparity in Mesozoic Marine Reptiles Indicated by Early Triassic Embryonic Fossils". *PLOS ONE.*

12. Maisch, M.W. (2010). "Phylogeny, systematics, and origin of the Ichthyosauria - the state of the art". *Palaeodiversity.*

13. Motani, R. (1999). "Phylogeny of the Ichthyopterygia". *Journal of Vertebrate Paleontology.*

14. Motani, R., N. Minoura, and T. Ando(1998)."Ichthyosaurian relationships illuminated by new primitive skeletons from Japan". *Nature.*

15. Shikama, T., T. Kamei, and M. Murata(1977)." Early Triassic Ichthyosaurus, Utatsusaurus hataii Gen. et Sp. Nov., from the Kitakami Massif, Northeast Japan". *Science Reports of the Tohoku University Second Series (Geology).*

16. Motani, R.(1997)." New information on the forefin of Utatsusaurus hataii (Ichthyosauria)". *Journal of Paleontology.*

17. Cuthbertson, R.S., A.P. Russell, and J.S. Anderson(2013)," Reinterpretation of the cranial morphology of Utatsusaurus hataii (Ichthyopterygia) (Osawa Formation, Lower Triassic, Miyagi, Japan) and its systematic implications". *Journal of Vertebrate Paleontology.*

18. Motani, R(1996)." Redescription of the dental features of an early Triassic ichthyosaur, Utatsusaurus hataii". *Journal of Vertebrate Paleontology.*

19. Chen, X. H.; Motani, R.; Cheng, L.; Jiang, D. Y.; Rieppel, O. (2014). "The Enigmatic Marine Reptile *Nanchangosaurus* from the Lower Triassic of Hubei, China and the Phylogenetic Affinities of Hupehsuchia". *PLOS ONE*

20. Fröbischa, N. B.; Fröbischa, J. R.; Sanderb, P. M.; Schmitzc, L.; Rieppeld, O. (2013). "Macropredatory ichthyosaur from the Middle Triassic and the origin of modern trophic networks". *Proceedings of the National Academy of Sciences.*

21. Nesbitt, S.J. (2011). "The early evolution of archosaurs: relationships and the origin of major clades" . *Bulletin of the American Museum of Natural History.*

22. Diedrich, C. (2009). "The vertebrates of the Anisian/Ladinian boundary (Middle Triassic) from Bissendorf (NW Germany) and their contribution to the anatomy, palaeoecology, and palaeobiogeography of the Germanic Basin reptiles". *Palaeogeography, Palaeoclimatology, Palaeoecology.*

23. Rieppel, O. (1994). "The status of the sauropterygian reptile *Nothosaurus juvenilis* from the Middle Triassic of Germany". *Palaeontology.*

24. Li, J.; Rieppel, O. (2004). "A new nothosaur from Middle Triassic of Guizhou, China". *Vertebrata PalAsiatica.*

25. Jiang, W.; Maisch, M. W.; Hao, W.; Sun, Y.; Sun, Z. (2006). *"Nothosaurus yangjuanensis* n. sp. (Reptilia, Sauropterygia, Nothosauridae) from the middle Anisian (Middle Triassic) of Guizhou, southwestern China". *NeuesJahrbuch für Geologie und Paläontologie, Monatshefte.*

26. Shang, Q.-H. (2006). "A new species of Nothosaurus from the early Middle Triassic of Guizhou, China". *Vertebrata PalAsiatica.*

27. Albers, P. C. H. (2005). "A new specimen of *Nothosaurus marchicus* with features that relate the taxon to *Nothosaurus winterswijkensis". Vertebrate Palaeontology.*

28. Klein, N.; Albers, P. C. H. (2009). "A new species of the sauropsid reptile *Nothosaurus* from the Lower Muschelkalk of the western Germanic Basin, Winterswijk, The Netherlands". *Acta Palaeontologica Polonica.*

29. Schroder, H. (1914). "Wirbeltiere der Riidersdorfer Trias". *Abhandlungen der Preussischen Geologischen Landesanstalt, Neue Folge.*

30. Rieppel, O.; Wild, R. (1996). "A revision of the genus *Nothosaurus* (Reptilia. Sauropterygia) from the Germanic Triassic with comments on the status of *Conchiosaurus clavatus". Fieldiana* .

31. Liu, J.; Rieppel, O. (2005). "Restudy of *Anshunsaurus huangguoshuensis* (Reptilia: Thalattosauria) from the Middle Triassic of Guizhou, China" . *American Museum Noviates* .

32. Rieppel, O.; Liu, J.; Li, C. (2006). "A new species of the thalattosaur genus *Anshunsaurus* (Reptilia: Thalattosauria) from the Middle Triassic of Guizhou Province, southwestern China". *Vertebrata PalAsiatica.*

33. Cheng, L.; Chen, X.; Wang, C. (2007). "A new species of Late Triassic *Anshunsaurus* (Reptilia: Thalattosauria) from Guizhou Province". *Acta Geologica Sinica*

34. Zhao, L.-J.; Li, C.; Liu, J.; He, T. (2008). "A new armored placodont from the Middle Triassic of Yunnan Province, Southwestern China" . *Vertebrata PalAsiatica.*

35. Palmer, D., ed. (1999). *The Marshall Illustrated Encyclopedia of Dinosaurs and Prehistoric Animals.* London: Marshall Editions.

36. Hilary F. Ketchum and Roger B. J. Benson (2011). "A new pliosaurid (Sauropterygia, Plesiosauria) from the Oxford Clay Formation (Middle Jurassic, Callovian) of England: evidence for a gracile, longirostrine grade of Early-Middle Jurassic pliosaurids". *Special Papers in Palaeontology.*

37. Sepkoski, Jack (2002). "A compendium of fossil marine animal genera (entry on Reptilia)". *Bulletins of American Paleontology.*

38. Renesto, S. (2005). "A new specimen of *Tanystropheus* (Reptilia Protorosauria) from the Middle Triassic of Switzerland and the ecology of the genus.*"Rivista Italiana di Paleontologia e Stratigrafia.*

39. Tschanz, K. (1988)." Allometry and Heterochrony in the Growth of the Neck of Triassic Prolacertiform Reptiles".*Paleontology.*

40. Motani, R. et al. (1996). "Eel like swimming in the earliest ichthyosaurs". *Nature.*

41. Jiang, D. et al. (2006). "A new mixosaurid ichthyosaur from the Middle Triassic". *Journal of Vertebrate Paleontology.*

42. Schmitz. et al. (2010). "The taxonomic status of Mixosaurus nordenskioeldii". *Journal of Vertebrate Palaeontology.*

43. Motani, R. (1999). "Phylogeny of the Ichthyopterygia". *Journal of Vertebrate Paleontology.*

44. Michael W. Maisch and Andreas T. Matzke (2000). "The Ichthyosauria" . *Stuttgarter Beiträge zur Naturkunde: Serie B.*

45. Da-Yong Jiang, Lars Schmitz, Wei-Cheng Hao, and Yuan-Lin Sun (2006). "A new mixosaurid Ichthyosaur from the Middle Triassic of China". *Journal of Vertebrate Paleontology* .

46. Michael W. Maisch (2010). "Phylogeny, systematics, and origin of the Ichthyosauria – the state of the art".*Palaeodiversity.*

47. Jiang, D.-Y.; Rieppel, O.; Fraser, N.C.; Motani, R.; Haoa, W.-C.; Tintorie, A.; Suna, Y.-L.; Suna, Z.-Y. (2011). "New information on the protorosaurian reptile *Macrocnemus fuyuanensis* Li et al., 2007, from the Middle/Upper Triassic of Yunnan, China". *Journal of Vertebrate Paleontology.*

48. Yen-Nien Cheng, Tamaki Sato, Xiao-Chun Wu and Chun Li (2006). "First complete pistosauroid from the Triassic of China" (PDF). *Journal of Vertebrate Paleontology.*

49. Shang Qing-Hua, Li Chun (2009). "On the occurrence of the ichthyosaur Shastasaurus in the Guanling Biota (Late Triassic), Guizhou, China" . *Vertebrata PalAsiatica.*

50. Nicholls, E.L.; Manabe, M. (2004). "Giant ichthyosaurs of the Triassic - a new species of Shonisaurus from the Pardonet Formation (Norian: Late Triassic) of British Columbia". *Journal of Vertebrate Paleontology.*

51. Sander, P.M.; Chen, X.; Cheng, L.; Wang, X. (2011). Claessens, Leon, ed. "Short-Snouted Toothless Ichthyosaur from China Suggests Late Triassic Diversification of Suction Feeding Ichthyosaurs".*PLOS ONE.*

52. Motani, R.; Tomita, T.; Maxwell, E.; Jiang, D.; Sander, P. (2013). "Absence of Suction Feeding Ichthyosaurs and Its Implications for Triassic Mesopelagic Paleoecology". *PLOS ONE.*

53. Ji, C.; Jiang, D. Y.; Motani, R.; Hao, W. C.; Sun, Z. Y.; Cai, T. (2013). "A new juvenile specimen of *Guanlingsaurus* (Ichthyosauria, Shastasauridae) from the Upper Triassic of southwestern China". *Journal of Vertebrate Paleontology.*

54. Maisch, M. W.; Matzke, A. T. (2006). "The braincase ofPhantomosaurus neubigi(Sander, 1997), an unusual ichthyosaur from the Middle Triassic of Germany". *Journal of Vertebrate Paleontology* .

55. Xiaofeng, W.; Bachmann, G. H.; Hagdorn, H.; Sander, P. M.; Cuny, G.; Xiaohong, C.; Chuanshang, W.; Lide, C.; Long, C.; Fansong, M.; Guanghong, X. U. (2008). "The Late Triassic Black Shales of the Guanling Area, Guizhou Province, South-West China: A Unique Marine Reptile and Pelagic Crinoid Fossil Lagerstätte". *Palaeontology* .

56. Rieppel, O. C. (2000). "Paraplacodus and the phylogeny of the Placodontia (Reptilia: Sauropterygia)". *Zoological Journal of the Linnean Society.*

57. Rieppel, O. C.; Zanon, R. T. (1997). "The interrelationships of Placodontia". *Historical Biology*.

58. Merriam, J. C. (1902): Triassic Ichthyopterygia from California and Nevada. *–Bulletin of the Department of Geology of the University of California.*

59. Motani R.(2000). "Rulers of the Jurassic seas". *Scientific American.*

60. J.E. Martin et al.(2010). "A longirostrine Temnodontosaurus (Ichthyosauria) with comments on Early Jurassic ichthyosaur niche partitioning and disparity". *Palaeontology*

61. McGowan C. (1996). "Giant ichthyosaurs of the Early Jurassic". *Canadian Journal of Earth Sciences.*

62. McGowan, C. (1995). "Temnodontosaurus risor is a Juvenile of *T. platyodon* (Reptilia: Ichthyosauria)". *Journal of Vertebrate Paleontology.*

63. Sander,P.M.(2000). "Ichthyosauria: their diversity, distribution, and phylogeny", *Paläontologische Zeitschrift.*

64. Emily A. Buchholtz (2000). *"Swimming styles in Jurassic Ichthyosaurs". Journal of Vertebrate Paleontology.*

65. Motani R.(2005). "Evolution of fish-shaped reptiles (Reptilia : Ichthyopterygia) in their physical environments and constraints". *Annual Review of Earth and Planetary Sciences.*

66. Scheyer, Torsten M. et al. (2014). *Early Triassic Marine Biotic Recovery: The Predators' Perspective.* PLOS ONE.

67. McGowan, C. (1974). "A revision of the longipinnate ichthyosaurs of the Lower Jurassic of England, with descriptions of two new species (Reptilia, Ichthyosauria)". Life Sciences Contributions, Royal Ontario Museum..

68. Michael W. Maisch. (2010). "Phylogeny, systematics, and origin of the Ichthyosauria – the state of the art". Palaeodiversity.

69. Michael W. Maisch and Andreas T. Matzke (2003). "Observations on Triassic ichthyosaurs. Part XII. A new Lower Triassic ichthyosaur genus from Spitzbergen". *Neues Jahrbuch für Geologie und Paläontologie Abhandlungen* .

70. Benton, M.J. and Taylor, M.A. (1984). "Marine reptiles from the Upper Lias (Lower Toarcian, Lower Jurassic) of the Yorkshirecoast". *Proceedings of the Yorkshire Geological Society.*

71. Martill D.M.(1993)." Soupy Substrates: A Medium for the Exceptional Preservation of Ichthyosaurs of the Posidonia Shale (Lower Jurassic) of Germany". *Kaupia - Darmstädter Beiträge zur Naturgeschichte.*

72. Hannah Caine and Michael J. Benton (2011). "Ichthyosauria from the Upper Lias of Strawberry Bank, England". *Palaeontology.*

73. Maxwell, E. E.; Fernández, M. S.; Schoch, R. R. (2012). Farke, Andrew A, ed. "First Diagnostic Marine Reptile Remains from the Aalenian (Middle Jurassic): A New Ichthyosaur from Southwestern Germany". *PLOS ONE.*

74. Michael W. Maisch (2010). "Phylogeny, systematics, and origin of the Ichthyosauria – the state of the art" . *Palaeodiversity.*

75. Fischer, V.; Masure, E.; Arkhangelsky, M.S.; Godefroit, P. (2011). "A new Barremian (Early Cretaceous) ichthyosaur from western Russia". *Journal of Vertebrate Paleontology* .

76. Patrick S. Druckenmiller and Erin E. Maxwell (2010). "A new Lower Cretaceous (lower Albian) ichthyosaur genus from the Clearwater Formation, Alberta, Canada". *Canadian Journal of Earth Sciences.*

77. Adam S. Smith (2007). "Anatomy and systematics of the Rhomaleosauridae (Sauropterygia, Plesiosauria)". *Ph.D. thesis, University CollegeDublin.*

78. Adam S. Smith and Gareth J. Dyke (2008). "The skull of the giant predatory pliosaur *Rhomaleosaurus cramptoni:* implications for plesiosaur phylogenetics" . *Naturwissenschaften.*

79. Roger B. J. Benson, Hilary F. Ketchum, Leslie F. Noè and Marcela Gómez-Pérez (2011). "New information on *Hauffiosaurus* (Reptilia, Plesiosauria) based on a new species from the Alum Shale Member (Lower Toarcian: Lower Jurassic) of Yorkshire, UK". *Palaeontology.*

80. Hilary F. Ketchum and Roger B. J. Benson (2011). "A new pliosaurid (Sauropterygia, Plesiosauria) from the Oxford Clay Formation (Middle Jurassic, Callovian) of England: evidence for a gracile, longirostrine grade of Early-Middle Jurassic pliosaurids". *Special Papers in Palaeontology.*

81. Adam S. Smith and Peggy Vincent (2010). "A new genus of pliosaur (Reptilia: Sauropterygia) from the Lower Jurassic of Holzmaden, Germany" . *Palaeontology.*

82. Fischer V, Guiomar M & Godefroit P. (2011)." New data on the palaeobiogeography of Early Jurassic marine reptiles: the Toarcian ichthyosaur fauna of the Vocontian Basin (SE France)". *Neues Jahrbuch für Geologie und Paläontologie, Abhandlungen* .

83. Maisch MW, Matzke AT. (2000)." The Ichthyosauria". *Stuttgarter Beiträge zur Naturkunde Serie B (Geologie und Paläontologie).*

84. Reisdorf AG, Maisch MW & Wetzel A. (2011)." First record of the leptonectid ichthyosaur *Eurhinosaurus longirostris* from the Early Jurassic of Switzerland and its stratigraphic framework". *Swiss Journal of Geosciences.*

85. Zhang, Y (1985). "A new plesiosaur from Middle Jurassic of Sichuan Basin". *Vertebrata PalAsiatica.*

86. Marta S. Fernández (1994). "A new long-snouted ichthyosaur from the Early Bajocian of Neuquén Basin, Argentina". *Ameghiniana.*

87. Marta S. Fernández (1999). "A new ichthyosaur from the Los Molles Formation (Early Bajocian), Neuquen Basin, Argentina". *Journal of Paleontology.*

88. Fischer, V.; Masure, E.; Arkhangelsky, M.S.; Godefroit, P. (2011). "A new Barremian (Early Cretaceous) ichthyosaur from western Russia". *Journal of Vertebrate Paleontology.*

89. Young MT. (2007). “The evolution and interrelationships of Metriorhynchidae (Crocodyliformes, Thalattosuchia)”. *Journal of Vertebrate Paleontology* .

90. Gasparini Z, Pol D, Spalletti LA. (2006).” An unusual marine crocodyliform from the Jurassic-Cretaceous boundary of Patagonia”. *Science.*

91. Wilkinson LE, Young MT, Benton MJ.(2008).” A new metriorhynchid crocodilian (Mesoeucrocodylia: Thalattosuchia) from the Kimmeridgian (Upper Jurassic) of Wiltshire, UK”.*Palaeontology.*

92. Andrea Cau; Federico Fanti (2010). "The oldest known metriorhynchid crocodylian from the Middle Jurassic of North-eastern Italy: *Neptunidraco ammoniticus* gen. et sp. nov.". *Gondwana Research.*

93. Gandola R, Buffetaut E, Monaghan N, Dyke G. 2006. Salt glands in the fossil crocodile*Metriorhynchus. Journal of Vertebrate Paleontology.*

94. Fernández M, Gasparini Z.(2008).” Salt glands in the Jurassic metriorhynchid Geosaurus: implications for the evolution of osmoregulation in Mesozoic crocodyliforms”. *Naturwissenschaften*

95. Forrest R. (2003).” Evidence for scavenging by the marine crocodile *Metriorhynchus* on the carcass of a plesiosaur”. *Proceedings of the Geologists' Association.*

96. Young, Mark T., and Marco Brandalise de Andrade (2009). "What is *Geosaurus*? Redescription of *Geosaurus giganteus* (Thalattosuchia: Metriorhynchidae) from the Upper Jurassic of Bayern, Germany." *Zoological Journal of the Linnean Society.*

97. Fernández M.(2007).” Redescription and phylogenetic position of *Caypullisaurus* (Ichthyosauria: Ophthalmosauridae)”. *Journal of Paleontology.*

98. Fischer, V.; A. Clement, M. Guiomar and P. Godefroit (2011). "The first definite record of a Valanginian ichthyosaur and its implications on the evolution of post-Liassic Ichthyosauria". *Cretaceous Research.*

99. Maxwell, E.E. (2010). "Generic reassignment of an ichthyosaur from the Queen Elizabeth Islands, Northwest Territories, Canada". *Journal of Vertebrate Paleontology* .

100. Valentin Fischer, Michael W. Maisch, Darren Naish, Ralf Kosma, Jeff Liston, Ulrich Joger, Fritz J. Krüger, Judith Pardo Pérez, Jessica Tainsh and Robert M. Appleby (2012). "New Ophthalmosaurid Ichthyosaurs from the European Lower Cretaceous Demonstrate Extensive Ichthyosaur Survival across the Jurassic–Cretaceous Boundary". *PLOS ONE* .

101. Palmer, D., ed. (1999). “The Marshall Illustrated Encyclopedia of Dinosaurs and Prehistoric Animals”. *London: Marshall Editions.*

102. Schumacher, B. A.; Carpenter, K.; Everhart, M. J. (2013). "A new Cretaceous Pliosaurid (Reptilia, Plesiosauria) from the Carlile Shale (middle Turonian) of Russell County, *Kansas".Journal of Vertebrate Paleontology.*

103. Benson, RBJ; Druckenmiller PS (2013). "Faunal turnover of marine tetrapods during the Jurassic–Cretaceous transition". *Biological Reviews.*

104. Benson, RBJ; Evans M; Smith AS; Sassoon J; Moore-Faye S et al. (2013). "A Giant Pliosaurid Skull from the Late Jurassic of England". *PLOS ONE.*

105. Wilhelm BC. (2010). " A New Partial Skeleton of a Cryptocleidoid Plesiosaur from the Upper Jurassic Sundance Formation of Wyoming".*Journal of Vertebrate Paleontology* .

106. Zammit M. (2008). "Elasmosaur (Reptilia: Sauropterygia) neck flexibility: Implications for feeding strategies". *Comparative Biochemistry and Physiology Part A: Molecular & Integrative Physiology* .

107. Martill DM. (1994). " The trophic structure of the biota of the Peterborough Member, Oxford Clay Formation (Jurassic), UK". *Journal of the Geological Society.*

108. Cicimurri DJ.(2001). "An Elasmosaur with Stomach Contents and Gastroliths from the Pierre Shale (Late Cretaceous) of Kansas". *Transactions of the Kansas Academy of Science.*

109. Fernández M. (2007). " Redescription and phylogenetic position of *Caypullisaurus* (Ichthyosauria: Ophthalmosauridae) ". *Journal of Paleontology.*

110. Bardet, N; Fernández, M (2000). "A new ichthyosaur from the Upper Jurassic lithographic limestones of Bavaria". *Journal of Paleontology* .

111. Massare JA. (1988). "Swimming capabilities of Mesozoic marine reptiles; implications for method of predation”. *Paleobiology.*

112. Massare JA. (1987). "Tooth morphology and prey preference of Mesozoic marine reptiles”. *Journal of Vertebrate Paleontology.*

113. Smith AS, Dyke GJ. (2008). “The skull of the giant predatory pliosaur *Rhomaleosaurus cramptoni:* implications for plesiosaur phylogenetics”. *Naturwissenschaften.*

114. Sachs, S., (2004). "Redescription of *Woolungasaurus glendowerensis* (Plesiosauria: Elasmosauridae) from the Lower Cretaceous of Northeast Queensland", *Memoirs of the Queensland Museum.*

115. Fernández M. (2007).” Redescription and phylogenetic position of *Caypullisaurus* (Ichthyosauria: Ophthalmosauridae)”. *Journal of Paleontology.*

116. Patrick S. Druckenmiller and Erin E. Maxwell (2010). "A new Lower Cretaceous (lower Albian) ichthyosaur genus from the Clearwater Formation, Alberta, Canada". *Canadian Journal of Earth Sciences* .

117. Erin E. Maxwell and Michael W. Caldwell (2006). "A new genus of ichthyosaur from the Lower Cretaceous of western Canada". *Palaeontology* .

118. Patrick S. Druckenmiller and Erin E. Maxwell (2010). "A new Lower Cretaceous (lower Albian) ichthyosaur genus from the Clearwater Formation, Alberta, Canada". *Canadian Journal of Earth Sciences* .

119. Erin E. Maxwell and Michael W. Caldwell (2003). "First record of live birth in Cretaceous ichthyosaurs: closing an 80 million year gap" . *Proceedings of the Royal Society of London B* .

120. Le Loeuff, J.; Métais, E.; Dutheil, D.B.; Rubino, J.L.; Buffetaut, E.; Lafont, F.; Cavin, L.; Moreau, F.; Tong, H.; Blanpied, C.; and Sbeta, A. (2010). "An Early Cretaceous vertebrate assemblage from the Cabao Formation of NW Libya".*Geological Magazine. in press.*

121. Head, J. J. (2001). "Systematics and body size of the gigantic, enigmatic crocodyloid *Rhamphosuchus crassidens,* and the faunal history of Siwalik Group (Miocene) crocodylians".*Journal of Vertebrate Paleontology.*

122. Erickson, G. M.; Brochu, C. A. (1999). "How the "terror crocodile" grew so big". *Nature.*

123. Sereno, Paul. C.; Brusatte, Stephen L. (2008). "Basal abelisaurid and carcharodontosaurid theropods from the Lower Cretaceous Elrhaz Formation of Niger". *Acta Paleontologica Polonica.*

124. Valentin Fischer, et al. (2012). "New Ophthalmosaurid Ichthyosaurs from the European Lower Cretaceous Demonstrate Extensive Ichthyosaur Survival across the Jurassic–Cretaceous Boundary". *PLOS ONE.*

125. Dutchak, Alex R.; and Caldwell, Michael W. (2009)."A redescription of Aigialosaurus (=Opetiosaurus) bucchichi (Kornhuber, 1901) (Squamata: Aigialosauridae) with comments on mosasauroid systematics". *Journal of Vertebrate Paleontology.*

126. Schumacher, B. A.; Carpenter, K.; Everhart, M. J. (2013). "A new Cretaceous Pliosaurid (Reptilia, Plesiosauria) from the Carlile Shale (middle Turonian) of Russell County, Kansas". *Journal of Vertebrate Paleontology.*

127. Everhart, M. J. (2005). "Oceans of Kansas - A Natural History of the Western Interior Sea". *Indiana University Press.*

128. Tanimoto, M. (2005). "Mosasaur remains from the Upper Cretaceous Izumi Group of southwest Japan". *Netherlands Journal of Geosciences — Geologie en Mijnbouw.*

129. O'Keefe, F.R.; Chiappe, L.M. (2011). "Viviparity and K-selected life history in a Mesozoic marine plesiosaur (Reptilia, Sauropterygia)". *Science.*

130. Albright, L.B. III; Gillette, D.D.; Titus, A.L. (2007). "Plesiosaurs from the Upper Cretaceous (Cenomanian-Turonian) Tropic Shale of southern Utah, Part 2: Polycotylidae". *Journal of Vertebrate Paleontology* .

131. Johan Lindgren (2005) "The first record of Hainosaurus (Reptilia: Mosasauridae) from Sweden". *Journal of Paleontology.*

132. Christiansen, P.; Bonde, N. (2002). "A new species of gigantic mosasaur from the Late Cretaceous of Israel". *Journal of Vertebrate Paleontology.*

133. Lindgren, J.; Kaddumi, H. F.; Polcyn, M. J. (2013). "Soft tissue preservation in a fossil marine lizard with a bilobed tail fin".*Nature Communications.*

134. Aaron R. H. Leblanc, Michael W. Caldwell and Nathalie Bardet (2012). "A new mosasaurine from the Maastrichtian (Upper Cretaceous) phosphates of Morocco and its implications for mosasaurine systematics". *Journal of Vertebrate Paleontology.*

135. Russel, Dale (1975). "A new species of Globidens from South Dakota, and a review of globidentine mosasaurs". *Fieldiana Geology* .

136. Bardet, N.; Pereda Suberbiola, X.; Iarochene, M.; Amalik, M.; Bouya, B. (2005). "Durophagous Mosasauridae (Squamata) from the Upper Cretaceous phosphates of Morocco, with description of a new species of Globidens". *Netherlands Journal of Geosciences / Geologie en Mijnbouw.*

137. F. Robin O'Keefe and Hallie P. Street (2009). "Osteology Of The Cryptoclidoid Plesiosaur Tatenectes laramiensis, With Comments On The Taxonomic Status Of The Cimoliasauridae". *Journal of Vertebrate Paleontology.*

138. Mulder, E.W.A. (1999). "Transatlantic latest Cretaceous mosasaurs (Reptilia, Lacertilia) from the Maastrichtian type area and New Jersey." *Geologie en Mijnbouw.*

139. Mulder, E.W.A. (2004). "Maastricht Cretaceous finds and Dutch pioneers in vertebrate palaeontology". In: Touret, J.L.R. & Visser, R.P.W. (eds). *Dutch pioneers of the earth sciences.*

索引

水栖爬行动物类

作者信息　About the author

赵闯和杨杨
以及
PNSO地球故事科学艺术创作计划
(2010-2070)

赵闯和杨杨是一个科学艺术家团体，其中赵闯先生是一位科学艺术家，杨杨女士是一位科学童话作家。两人于 2010 年 6 月 1 日在北京正式宣布成立“PNSO 啄木鸟科学艺术小组”，开始职业化的科学艺术创作与研究事业，同时启动“PNSO 地球故事科学艺术创作计划（2010-2070）”。该计划旨在通过科学艺术这一古老的叙事形式，基于最新科学进程的研究成果，讲述生命演化过程中物种、自然环境、社群、文化等事物的内在关系，以人类文明视角表达地球的过去、现在与未来，创始人赵闯先生和杨杨女士希望通过持续 60 年的科学艺术和文学作品创作与理论研究，以出版、展览、课程等多种知识分享方式，为科研机构和公众尤其是青少年提供科学艺术服务。

目前，PNSO 已经独立或参与完成了多个重要的创作与研究项目，成果广泛被社会各界应用与传播。在专业合作方面，PNSO 接受全球多个重点实验室的邀请进行科学艺术创作，为人类正在进行的前沿科学探索提供专业支持，众多作品发表在《自然》《科学》《细胞》等全球著名的科学期刊上。在大众传播方面，大量作品被包括《纽约时报》《华盛顿邮报》《卫报》《朝日新闻》《人民日报》以及 BBC、CNN、福克斯新闻、CCTV 等在内的全球上千家媒体的科学报道中刊发和转载，用于帮助公众了解最新的科学事实与进程。在公共教育方面，PNSO 与包括美国自然历史博物馆、中国科学院、诺丁汉城市博物馆、重庆自然博物馆等在内的全球各地的公共科学组织合作推出了多个展览项目，与世界青年地球科学家联盟、国际地球科学议题基金会等国际组织联合完成了多个国际合作项目，帮助不同地区的青少年了解和感受科学艺术的魅力。

ZHAO Chuang and YANG Yang
&
PNSO's Scientific Art Projects Plan: The Stories on Earth
(2010-2070)

ZHAO Chuang and YANG Yang are two professionals who work together to create scientific art. Mr. ZHAO Chuang, a scientific artist, and Ms. YANG Yang, an author of scientific children's books, started working together when they jointly founded PNSO, an organization devoted to the creation of and research related to scientific art in Beijing on June 1st, 2010. At its founding, they launched its *Scientific Art Projects Plan: The Stories on Earth (2010-2070)*. The plan follows a tradition of using scientific art to create a narrative. These narratives are based on the latest scientific research, focusing on the complex relationships between species, natural environments, communities, and cultures. The narratives consider the perspectives of human civilization while exploring Earth's past, present, and future. The PNSO founders plan to spend 60 years creating works in and doing research on scientific art. and literature. They hope to share scientific knowledge through publications, exhibitions, and courses. Their overarching goal is to serve research institutions and the general public, especially young people.

PNSO has independently completed or participated in a number of creative projects and research projects. The organization's work has been shared widely and well received. With regard to PNSO's collaborations with professional scientists, PNSO has been invited to many key laboratories around the world to create scientific works of art. Many works produced by PNSO staff members have been published in leading journals, including *Nature, Science,* and *Cell*. This evinces PNSO's support for state-of-the-art scientific explorations. Also, a large number of articles and works completed by PNSO staff members were published and cited in hundreds of well-known media outlets, including *The New York Times, Washington Post, The Guardian, Asahi Shimbun, People's Daily, BBC, CNN, Fox News,* and *CCTV*. The works created by PNSO staff members have been used to help the public better understand the latest scientific discoveries and developments. In the public education sector, PNSO has held joint exhibitions with scientific organizations including the American Museum of Natural History, the Chinese Academy of Sciences, the City Museum of Nottingham, and the Chongqing Museum of Natural History. PNSO has also completed international cooperation projects with the World Young Earth Scientist Congress and the Earth Science Matters Foundation, thus helping young people in different parts of the world to understand and appreciate scientific art.

如果你对本书中的作品感兴趣
可以微信扫描二维码
了解作者更多的信息

If you like our book, please scan the code to get in touch with us.

FIND OUT MORE ONLINE

 www.facebook.com/pnso2009

 www.twitter.com/pnso2009

 www.instagram.com/pnso2009

相关信息　Publication information

本书内容来源　Source of the contents

PNSO 地球故事科学艺术创作计划 (2010—2070) 之达尔文计划——生命科学艺术工程

PNSO's Scientific Art Projects Plan: The Stories on Earth (2010-2070) Plan Darwin: An Art Project of Life Sciences

注：近年来，人类在古生物学领域的研究日新月异，几乎每年都有多项重大成果发表，科学家不断地通过新的证据推翻过去的观点，考虑科普图书的严肃性，本书所涉及的知识均为大多数科学家认可的主流观点。我们计划每两年对本书做一次修订，将本领域全球顶尖科学家最新的研究成果进行吸纳。

Note:

Researchers in paleontology are constantly updating their results based on new evidence, with major breakthroughs made in almost every year. Popular science books ought to keep up with current development, and thus the contents in this book represent views held by the majority of scientists. We plan to revise the contents biennially to present the newest results made by the world's best scientists.

版权信息　Copyright

图书在版编目（CIP）数据

它们．水怪时代／赵闯绘；杨杨撰．-- 昆明：云南美术出版社，2018.7

ISBN 978-7-5489-3290-1

Ⅰ．①它… Ⅱ．①赵… ②杨… Ⅲ．①古动物－水生动物－普及读物 Ⅳ．① Q915-49

中国版本图书馆 CIP 数据核字 (2018) 第 166044 号

它们：水怪时代

赵闯／绘
杨杨／撰

出 版 人：李　维　刘大伟
责任编辑：梁　媛
责任校对：李　平
版式设计：益鸟科学艺术

出版发行：云南出版集团
　　　　　云南美术出版社（昆明市环城西路 609 号）
制版印刷：北京华联印刷有限公司
开　　本：787mm×1092mm 1/6
印　　张：33.5
版　　次：2018 年 8 月第 1 版
印　　次：2018 年 8 月第 1 次印刷
印　　数：1—20000 册
书　　号：ISBN 978-7-5489-3290-1
定　　价：349.00 元

版权提供
All Rights Reserved by PNSO

PNSO
啄木鸟科学艺术小组

contact@pnso.org

版权运营
Copyright Agency

contact@yiniao.org

运营团队
Editors and Designers

编辑制作：西安益鸟时代文化传媒有限公司
总 编 辑：赵雅婷／责任编辑：孙金蕾
设计总监：陈　超／排版设计：沈　康　杨岩周

Edited by Xi'an Yiniao Culture Media Co. Ltd
Chief Editor: ZHAO Yating ／ Managing Editor: SUN Jinlei
Chief Design Officer: CHEN Chao ／ Page Layout: SHEN Kang and YANG Yanzhou

赵闯和杨杨科学艺术作品

《它们》系列已出版书目：

《它们：恐龙时代》

《它们：翼龙时代》

《它们：水怪时代》

我们坚信：

传递善良和美好是教育的使命